INFORMÁTICA E EDUCAÇÃO MATEMÁTICA

COLEÇÃO TENDÊNCIAS EM EDUCAÇÃO MATEMÁTICA

INFORMÁTICA E EDUCAÇÃO MATEMÁTICA

Marcelo de Carvalho Borba
Miriam Godoy Penteado

6ª edição

autêntica

COORDENADOR DA COLEÇÃO TENDÊNCIAS EM EDUCAÇÃO MATEMÁTICA
Marcelo de Carvalho Borba
gpimem@rc.unesp.br

CONSELHO EDITORIAL
Airton Carrião/Coltec-UFMG;
Arthur Powell/Rutgers University;
Marcelo Borba/UNESP; Ubiratan D'Ambrosio/
UNIBAN-SP/USP/UNESP;
Maria da Conceição Fonseca/UFMG.

EDITORAS RESPONSÁVEIS
Rejane Dias
Cecília Martins

REVISÃO
Erick Ramalho

CAPA
Diogo Droschi

DIAGRAMAÇÃO
Camila Sthefane Guimarães

Dados Internacionais de Catalogação na Publicação (CIP)
(Câmara Brasileira do Livro, SP, Brasil)

Borba, Marcelo de Carvalho

Informática e educação matemática / Marcelo de Carvalho Borba, Miriam Godoy Penteado. -- 6. ed. -- Belo Horizonte : Autêntica Editora, 2019. -- (Coleção Tendências em Educação Matemática)

ISBN 978-85-513-0661-1

1. Computadores - Estudo e ensino 2. Inovações educacionais 3. Matemática - Estudo e ensino 4. Prática de ensino 5. Professores - Formação profissional 6. Técnicas digitais 7. Tecnologia educacional I. Penteado, Miriam Godoy. II. Borba, Marcelo de Carvalho. III. Título. IV. Série.

19-30404   CDD-510.7

Índices para catálogo sistemático:
1. Tecnologia digital : Matemática : Estudo e ensino 510.7
Iolanda Rodrigues Biode - Bibliotecária - CRB-8/10014

 GRUPO **AUTÊNTICA**

Belo Horizonte
Rua Carlos Turner, 420
Silveira . 31140-520
Belo Horizonte . MG
Tel.: (55 31) 3465 4500

São Paulo
Av. Paulista, 2.073 . Conjunto Nacional
Horsa I . 23º andar . Conj. 2310-2312
Cerqueira César . 01311-940 . São Paulo . SP
Tel.: (55 11) 3034 4468

www.grupoautentica.com.br

Agradecimentos

Queremos agradecer aos nossos colegas do GPIMEM pela colaboração nas diversas fases da elaboração deste livro. Contribuíram em muito para a redação final do texto as leituras e sugestões feitas por Ana Karina Cancian, Ana Paula Malheiros, Audria Bovo, Heloisa da Silva, Jonei Barbosa, Jussara Araujo, Maria Helena Bizelli, Mónica Villarreal, Nilce Scheffer, Norma Allevato, Rubia Amaral. De forma especial, queremos destacar a colaboração de Telma Gracias e Geraldo Lima pela revisão cuidadosa e confecção de gráficos e tabelas e pela imensa colaboração que têm dado ao nosso trabalho ao longo dos últimos dez anos.

Agradecemos também ao CNPq, CAPES, FAPESP e Texas Instruments que têm dado apoio às nossas pesquisas cuja uma parte está discutida neste livro.

Nota do coordenador

A produção em Educação Matemática cresceu consideravelmente nas últimas duas décadas. Foram teses, dissertações, artigos e livros publicados. Esta coleção surgiu em 2001 com a proposta de apresentar, em cada livro, uma síntese de partes desse imenso trabalho feito por pesquisadores e professores. Ao apresentar uma tendência, pensa-se em um conjunto de reflexões sobre um dado problema. Tendência não é moda, e sim resposta a um dado problema. Esta coleção está em constante desenvolvimento, da mesma forma que a sociedade em geral, e a, escola em particular, também está. São dezenas de títulos voltados para o estudante de graduação, especialização, mestrado e doutorado acadêmico e profissional, que podem ser encontrados em diversas bibliotecas.

A coleção Tendências em Educação Matemática é voltada para futuros professores e para profissionais da área que buscam, de diversas formas, refletir sobre essa modalidade denominada Educação Matemática, a qual está embasada no princípio de que todos podem produzir Matemática nas suas diferentes expressões. A coleção busca também apresentar tópicos em Matemática que tiveram desenvolvimentos substanciais nas últimas décadas e que podem se transformar em novas tendências curriculares dos ensinos fundamental, médio e superior. Esta coleção é escrita por pesquisadores em Educação Matemática e em outras áreas da Matemática, com larga experiência docente, que pretendem estreitar as interações entre a Universidade – que produz pesquisa – e os diversos cenários em que se realiza essa educação. Em alguns livros, professores da educação básica se tornaram também autores. Cada livro indica uma extensa bibliografia na qual o leitor poderá buscar um aprofundamento em certas tendências em Educação Matemática.

Neste livro, Miriam Godoy Penteado e eu apresentamos ao leitor o resultado de mais um trabalho em conjunto em informática educativa. Trabalhamos há mais de dez anos no que se constituiu em uma das principais tendências da Educação Matemática: a informática. Apresentamos também uma variedade de exemplos sobre o uso de informática com alunos e professores, para em seguida debater desde temas ligados às políticas governamentais para a informática educativa até questões epistemológicas e pedagógicas relacionadas à utilização de computadores e calculadoras gráficas em Educação Matemática. Este livro se dirige àquele que ainda não está familiarizado com essa tendência assim como àquele que, já estando à vontade com o tema, gostaria de conhecer a visão particular dos autores.

Marcelo de Carvalho Borba*

* Marcelo de Carvalho Borba é licenciado em Matemática pela UFRJ, mestre em Educação Matemática pela Unesp (Rio Claro, SP) doutor, nessa mesma área pela Cornell University (Estados Unidos) e livre-docente pela Unesp. Atualmente, é professor do Programa de Pós-Graduação em Educação Matemática da Unesp (PPGEM), coordenador do Grupo de Pesquisa em Informática, Outras Mídias e Educação Matemática (GPIMEM) e desenvolve pesquisas em Educação Matemática, metodologia de pesquisa qualitativa e tecnologias de informação e comunicação. Já ministrou palestras em 15 países, tendo publicado diversos artigos e participado da comissão editorial de vários periódicos no Brasil e no exterior. É editor associado do ZDM (Berlim, Alemanha) e pesquisador 1A do CNPq, além de coordenador da Área de Ensino da CAPES (2018-2022).

Sumário

Informática: problemas e soluções

Informática e Educação. Esse tem sido um tema de debate recorrente nas últimas duas décadas no Brasil, e, há um pouco mais de tempo, em outros lugares do mundo. Talvez ainda seja possível lembrar dos discursos sobre o perigo que a utilização da informática poderia trazer para a aprendizagem dos alunos. Um deles era o de que o aluno iria só apertar teclas e obedecer à orientação dada pela máquina. Isso contribuiria ainda mais para torná-lo um mero repetidor de tarefas. Na verdade, ainda hoje essa preocupação sempre surge nos diversos cursos, palestras e aulas que temos ministrado. Tal argumento está presente quando consideramos a educação de modo geral, mas é ainda mais poderoso dentro de parte da comunidade de Educação Matemática. Em especial para aqueles que concebem a matemática como a matriz do pensamento lógico. Nesse sentido, se o raciocínio matemático passa a ser realizado pelo computador, o aluno não precisará raciocinar mais e deixará de desenvolver sua inteligência.

Por outro lado, tem havido, mais recentemente, argumentos que apontam "o computador" como a solução para os problemas educacionais. Entretanto, diferentemente do que acontece quando se trata de apontar os perigos, nem sempre aparece de forma explícita para qual problema o computador é a solução. Nem sempre é feita a pergunta: "qual é o problema?" ou "qual é o problema para o qual o computador é a resposta?" Em particular, essa pergunta também faz sentido na Educação Matemática.

Há também de ser perguntado se, entre a postura que assume que o computador é ruim para o aluno e aquela que assume que ele melhora o ensino, há espaço para outros posicionamentos. Neste livro pretendemos sugerir que a relação entre a informática e a Educação Matemática não deve ser pensada da forma dicotômica esboçada na primeira frase deste parágrafo, mas sim como transformação da própria prática educativa. Nos diferentes capítulos deste livro vamos apresentar ideias que sugerem que os argumentos sobre a piora ou melhora da prática educativa talvez não sejam os mais adequados. Parece-nos mais relevante analisar o novo cenário educacional que se constitui a partir da entrada desse "novo ator", a tecnologia informática. Aqui, interessam-nos as possibilidades e dificuldades que se apresentam, sem comparar se são melhores ou piores do que aquelas nas quais essa tecnologia não é utilizada.

Porém, antes de entrarmos nessa discussão, queremos retomar algumas das preocupações daqueles que defendem o argumento da não adequação do uso de tecnologia informática na escola. "Se meu aluno utilizar a calculadora, como ele aprenderá a fazer conta?" "Se o estudante do ensino médio aperta uma tecla do computador e o gráfico da função já aparece, como ele conseguirá, 'de fato', aprender a traçá-lo?" Manifestações dessa natureza sempre estiveram presentes nos discursos de muitos educadores desde quando os computadores começaram a ocupar espaço no mundo do trabalho e no mundo do lazer no final dos anos 1980 e início dos anos 1990. Ainda hoje, em diversos fóruns que reúnem professores e pesquisadores no país e no exterior, diferentes versões das perguntas listadas no início deste parágrafo são apresentadas quando o debate sobre o papel da tecnologia envolve o que deve ser feito em sala de aula.

Uma forma de refletirmos sobre essas perguntas seria reformulá-las dentro do contexto do uso de lápis e papel. Perguntamos: será que o aluno deveria evitar o uso intensivo de lápis e papel para que não fique dependente dessas mídias? Em geral, as pessoas ficam perplexas diante de tal questão. "Como assim?" Parece que não consideram o lápis e o papel como tecnologias, da mesma forma que o fazem com o computador. Para elas, o conhecimento produzido quando o lápis e papel estão disponíveis não causa dependência. É como se a caneta, por exemplo, fosse "transparente" para os que advogam essa posição. Para nós, entretanto, sempre há uma dada mídia envolvida na produção de conhecimento. Dessa forma, essa dependência sempre existirá e estará bastante relacionada ao contexto educacional em que nos encontremos. Esse contexto está sempre geográfica e historicamente determinado e sua constituição depende também da disponibilidade de mídias como a oralidade, lápis-e-papel e a informática. Em matemática, por exemplo, as demonstrações são fruto da disponibilidade da escrita em diversas sociedades.

Além dessa preocupação com o desenvolvimento dos alunos, um outro argumento utilizado pelos que são "contra a informática na escola" é a questão econômica. Muitos questionam: Como comprar computadores para as escolas, se nem mesmo há giz em várias delas? Como pensar em computadores na escola, se os professores continuam sendo mal remunerados? De acordo com esse argumento, temos primeiro que melhorar as condições da escola, os salários dos professores, para que, em uma segunda etapa, possamos pensar em tecnologia de ponta. No nosso ponto de vista, há vários problemas com essa argumentação. O primeiro deles é a suposição de que, caso o dinheiro não seja utilizado por nossos governantes para a compra de computadores, ele seria utilizado para a melhoria da infraestrutura e da dramática questão salarial dos professores da rede pública de ensino e também de boa parte da rede particular. É fácil observar que os governantes geram leis que os "proíbem" de fazer transferências de recursos de acordo com os anseios de diversos segmentos sociais, como, por exemplo, o dos professores. Vejamos um acontecimento recente: o governo privatiza as empresas de telecomunicações, com preços e juros abaixo do mercado, subsidiados pelo contribuinte e impõe uma cláusula nos contratos de privatização que faz com que as novas empresas separem uma parcela de seus faturamentos para o Fundo de Universalização do Sistema de Telecomunicações (FUST) que será utilizado para a compra de equipamento de informática. É dessa fonte que o governo federal utiliza recursos para a compra de computadores para escolas do Ensino Médio em programa lançado em fevereiro de 2001. Em outras palavras, se o dinheiro não for utilizado para comprar computadores e acesso à Internet para as escolas, ele será utilizado para outros fins, relacionados à telecomunicação, mas não para "giz" ou salário.

O aumento de salário dos professores depende de vontade política de quem governa e de uma maior valorização da profissão pela sociedade em geral. Se a sociedade, como parte de seu projeto, considerasse fundamental que os professores tivessem melhores salários, haveria mais chances de que tal mudança chegasse à esfera dos governos. O que necessita ser enfatizado é que a verba para informatizar as escolas é proveniente, em geral, de fontes dos orçamentos municipais, estaduais e federais diferentes das utilizadas para salário. Por isso, a compra de computadores não pode ser vista como empecilho para a justa reivindicação de aumentos salariais dos professores.

O segundo problema com essa argumentação, e talvez o maior deles, é que há um pressuposto de que o computador é supérfluo. Salário, giz e infraestrutura de maneira geral também são essenciais, mas a mídia computador, dentro desse argumento, parece não ser. Quem defende esse argumento parece não considerar essencial que haja acesso generalizado à informática nas escolas públicas. O acesso à Internet, por exemplo, não é visto como parte dos direitos do cidadão.

A essa altura, o leitor deve imaginar que nós, autores deste livro, somos a favor do uso irrestrito do computador. Como já dissemos, a situação é bem mais complexa. Para os que não querem a utilização do computador, ele não é solução, mas é um problema em si. Resolver esse problema significa simplesmente impedir que essa tecnologia adentre a escola para que menos males sejam feitos à educação.

E para aqueles para os quais o computador é a solução? Qual é o argumento que utilizam? Segundo o jornal *Folha de São Paulo*, de 20 de fevereiro de 2001 (p. 4 e 5), o partido do presidente da república espera ficar mais forte para a eleição de 2002 com a implantação dos computadores que será feita em 13.000 escolas utilizando quase um bilhão de reais arrecadados pelo Fundo das Telecomunicações mencionado anteriormente. Utilizar esse recurso significa completar um ciclo: as privatizações geraram o dinheiro, que é repassado pelas empresas ao governo, que compra computadores para as escolas. O computador nas escolas se torna, então, esboço de solução para os problemas eleitorais do governo federal. Mas não só os que fazem uso eleitoral da informática apoiam sua utilização na Educação.

Um outro argumento favorável pode ser o de que, pelas exigências que coloca sobre os professores, a inserção de tecnologia na escola estimule o aperfeiçoamento profissional para que eles possam trabalhar com informática. Pesquisas já feitas em nosso grupo de pesquisa, GPIMEM – Grupo de Pesquisa em Informática outras Mídias e Educação Matemática –, apontam para a possibilidade de que trabalhar com os computadores abre novas perspectivas para a profissão docente. O computador, portanto, pode ser um problema a mais na vida já atribulada do professor, mas pode também desencadear o surgimento de novas possibilidades para o seu desenvolvimento como um profissional da educação.

Esta última questão mostra também que a relação entre problema e solução não é biunívoca, ou seja, não há uma única solução para um dado problema ou, às vezes, ver algo a partir do binômio solução-problema pode não ser a melhor forma de lidar com uma dada questão. Da mesma forma, há outros argumentos na mesma categoria. Muitos advogam o uso do computador devido à motivação que ele traria à sala de aula. Devido às cores, ao dinamismo e à importância dada aos computadores do ponto de vista social, o seu uso na educação poderia ser a solução para a falta de motivação dos alunos. Quem já trabalhou de forma mais constante com informática educativa sabe que, de modo geral, é verdade que alunos ou professores que participam de cursos ganham novo ímpeto com o uso da informática, caso possíveis medos iniciais sejam superados. Não temos em nosso grupo de pesquisa dados sobre o tema e não conhecemos também trabalhos de outros pesquisadores sobre isso. Há indícios superficiais, entretanto, de que "tal motivação" é passageira. Assim, um dado *software* utilizado em sala pode, depois de algum tempo, se tornar enfadonho da mesma forma que para muitos uma aula com uso intensivo de giz, ou outra baseada em discussão de textos, pode também não motivar.

Um outro argumento, um tanto nebuloso, é aquele que enfatiza a importância do uso da informática em educação para preparar o jovem para o mercado de trabalho. É razoável pensar que aquele que possui conhecimentos nessa área esteja mais preparado para o mercado de trabalho. É praticamente certo que alguém que possua conhecimento em Informática tenha mais facilidade de conseguir empregos do que alguém que não consiga ligar o computador e trabalhar com alguns aplicativos básicos. Assim, cada vez mais a tecnologia informática interfere no mercado de trabalho. Ela tem sido a vilã do desemprego, dito estrutural, e o seu domínio tem servido de base de decisão sobre quem vai assumir determinadas posições no mercado de trabalho. Porém, ainda que esta seja a situação atual, consideramos bastante questionável que a educação deva ser uma via de mão única em direção ao mundo do trabalho. O perigo de assumir essa posição é que a educação torne-se mais uma instância a ser totalmente privatizada, passando a ter o seu currículo e sua própria organização totalmente subordinados às grandes empresas que ditam o que é adequado para este setor.

Entendemos que uma visão mais ampla da educação deva subordiná-la à noção de cidadania e nossa posição é a de que devemos lutar para que a noção sobre o que é cidadão inclua os deveres e os direitos não subordinados aos interesses apenas das grandes corporações. Então, se escola e empresa existem e fazem parte direta ou indiretamente das diversas sociedades complexas no mundo atual, não podemos pensar a escola como empresa, nem subordinar os interesses da primeira ao da segunda, conforme enfatiza Machado (1997). Esse autor discute de forma abrangente como a noção de cidadania deve estar articulada aos projetos individuais e coletivos de uma sociedade. Dessa forma, educação para a cidadania deve envolver uma discussão sobre valores pessoais e da sociedade como um todo. Educação deve promover a crítica em relação aos próprios valores que a envolvem.

Acreditamos que, nesse sentido, a discussão sobre informática na Educação Matemática deva ser compreendida. O acesso à informática deve ser visto como um direito e, portanto, nas escolas públicas e particulares o estudante deve poder usufruir de uma educação que no momento atual inclua, no mínimo, uma "alfabetização tecnológica". Tal alfabetização deve ser vista não como um Curso de Informática, mas, sim, como um aprender a ler essa nova mídia. Assim, o computador deve estar inserido em atividades essenciais, tais como aprender a ler, escrever, compreender textos, entender gráficos, contar, desenvolver noções espaciais etc. E, nesse sentido, a informática na escola passa a ser parte da resposta a questões ligadas à cidadania.

Deve ser enfatizado que, embora o acesso à informática na escola possa contribuir para promover a cidadania, ela não surgiu como resposta a esse tipo de problema. Não cabe aqui neste livro uma discussão sobre a história da informática, mas, sim, assinalar que ela se torna um fenômeno cultural da segunda metade do século XX depois de permear o mundo da ciência, da guerra e dos negócios empresariais e se espraiar por praticamente todas nossas atividades, direta ou indiretamente. É apenas tardiamente que a informática se faz presente na escola. Desse modo, o acesso à informática na educação deve ser visto não apenas como um direito, mas como parte de um projeto coletivo que prevê a democratização de acessos a tecnologias desenvolvidas por essa mesma sociedade. É dessas duas formas que a informática na educação deve ser justificada: alfabetização tecnológica e direito ao acesso.

As pesquisas que nós realizamos junto ao GPIMEM têm servido de fonte de inspiração e orientação para as reflexões como as que estão aqui colocadas. Mas, como afirmamos anteriormente, nosso maior interesse tem sido analisar e compreender as características dos cenários educacionais, especialmente em Educação Matemática, que incluem "atores informatizados". Buscamos fazer essa compreensão sem necessariamente estabelecer comparações com os cenários convencionais. Assim, procuramos focalizar nossa atenção na natureza do conteúdo que pode ser estudado num ambiente informatizado, o conhecimento produzido, a demanda para o trabalho do professor e outras possibilidades educacionais que possam ser exploradas.

É com esse foco que queremos apresentar nossas discussões nesse livro. Iniciamos com uma breve síntese dos diversos programas governamentais feitos no Brasil na área de informática educativa. Em seguida, discutimos exemplos de diversas formas de uso de informática por alunos e professores. São exemplos oriundos de pesquisas por nós realizadas e que servirão de base para questões que serão consideradas nos capítulos seguintes. No terceiro capítulo apresentamos uma visão teórica que sustenta nossa posição relacionando seres humanos e tecnologias da informação e comunicação. O quarto capítulo aborda a questão relativa aos professores que, como já discutimos nesta Introdução, é um ator fundamental no processo de chegada da informática à escola. Dedicaremos, então, o quinto capítulo ao uso da Internet em Educação Matemática, e finalizaremos retomando, no sexto capítulo, os questionamentos apresentados ao longo dos capítulos anteriores.

Capítulo I

Programas governamentais de implementação da informática na escola

Discussões sobre a forma como a tecnologia informática (TI) tem sido utilizada e a implicação desse uso para a organização da sociedade atual tem estado constantemente presente na literatura. Nas escolas, tal discussão surge como fruto de uma maior disseminação de programas educacionais que envolvem o uso de informática. Neste capítulo apresentamos alguns desses programas para as escolas brasileiras do ensino fundamental e médio e argumentamos sobre a importância de eles serem articulados com ações de menor escala desenvolvidas por escolas e universidades. Essa articulação é vista como necessária e fundamental para que se consiga usufruir o potencial que a informática tem a oferecer para a educação.

Ações governamentais

Em nível nacional, uma das primeiras ações no sentido de estimular e promover a implementação do uso de tecnologia informática nas escolas brasileiras ocorreu em 1981 com a realização do I Seminário Nacional de Informática Educativa, onde estiveram presentes educadores de diversos estados brasileiros. Foi a partir desse evento que surgiram projetos como: Educom, Formar e Proninfe.

O Educom (COMputadores na EDUcação) foi lançado pelo Ministério da Educação e Cultura (MEC) e pela Secretaria Especial de Informática em 1983. Seu objetivo era criar centros pilotos em universidades brasileiras para desenvolver pesquisas sobre as diversas aplicações do computador na educação. As universidades envolvidas com o Educom foram: UFRJ – Universidade Federal do Rio de Janeiro, UNICAMP – Universidade de Campinas, UFRGS – Universidade Federal do Rio Grande do Sul, UFMG – Universidade Federal de Minas Gerais, UFPE – Universidade Federal de Pernambuco. Esses centros desenvolveram trabalhos pioneiros sobre formação de recursos humanos na área de informática educativa e sobre a avaliação dos efeitos da introdução do computador no ensino de disciplinas dos níveis de ensino fundamental e médio.

O projeto Formar foi uma iniciativa dentro do Educom (Formar I – 1987, Formar II – 1989) para formar recursos humanos para o trabalho na área de informática educativa. Assim, foram oferecidos cursos de especialização para pessoas oriundas de diferentes estados. Essas pessoas deveriam, ao final do curso, atuar como multiplicadores em sua região de origem. Dessa iniciativa surgiram os CIEDs – Centros de Informática Educacional em 17 estados brasileiros.

O Proninfe – Programa Nacional de Informática na Educação – foi lançado em 1989 pelo MEC e deu continuidade às iniciativas anteriores, contribuindo especialmente para a criação de laboratórios e centros para a capacitação de professores.[1]

As experiências acumuladas com esses projetos deram base para o atual programa do governo. Trata-se do ProInfo – Programa Nacional de Informática na Educação – lançado em 1997 pela Secretaria de Educação a Distância (Seed/MEC). O seu objetivo é estimular e dar suporte para a introdução de tecnologia informática nas escolas do nível fundamental e médio de todo o país. Desde seu lançamento, esse programa equipou mais de 2000 escolas e investiu na formação de mais de vinte mil professores através dos 244 Núcleos de Tecnologia Educacional (NTE) instalados

---

[1] Um estudo mais detalhado de programas governamentais até 1990 pode ser encontrado em Frant, 1993.

em diversas partes do país. No Estado de São Paulo temos 44 deles. A meta era, então, implantar mais 200 desses núcleos em todo o Brasil até o ano de 2001.

Para impulsionar o avanço do processo de informatização das escolas, o MEC lança mão de parcerias com outros ministérios, governos estaduais, municipais, organizações não governamentais e empresas. É o caso, por exemplo, do recém-lançado Programa Telecomunidade, em parceria com o Ministério das Telecomunicações, utilizando recursos provenientes do Fundo de Universalização dos Serviços de Telecomunicações (Fust). Esse programa visa a equipar, com um computador para cada 25 alunos, as escolas brasileiras do ensino médio, conforme já apontamos na Introdução deste livro.

A fim de operacionalizar muitas dessas propostas, é preciso contar com o envolvimento das secretarias estaduais de educação. A adesão ao ProInfo depende do estado possuir um Programa Estadual de Informática na Educação. Além de disseminar a integração dos recursos informáticos às atividades pedagógicas, esse programa tem que garantir a formação de professores, espaço físico para a instalação de equipamentos e a manutenção técnica.[2]

O princípio adotado na formação do professor é "professor capacitando professor". Professores multiplicadores são formados em cursos especialmente planejados para prepará-lo para organizar e dinamizar atividades de formação para seus colegas. Nessas ações deve-se levar em consideração as características regionais.

No Estado de São Paulo, a Secretaria estadual de Educação lançou o programa "A escola de cara nova na era da informática"[3] que visa tanto à informatização da administração escolar quanto da parte pedagógica. A fase inicial desse programa, em 1998, possibilitou que cerca de duas mil escolas de nível fundamental e médio montassem uma sala ambiente de informática (SAI) com cinco computadores multimídia, duas impressoras, câmera de

---

[2] 808 escolas do Estado de São Paulo fazem parte do ProInfo. Informação em http://www.proinfo.gov.br, 07/03/2001.

[3] Para maiores detalhes, ver http://www.educacao.sp.gov.br/.

vídeo, *softwares* e acesso à Internet. Os *softwares*, cerca de 40 títulos, tratam de diferentes assuntos. Dentre esses, os que têm sido mais utilizados pelos professores de Matemática são: *Cabri II, Supermáticas, Fracionando, Divide and Conquer, Excel, Factory, Bulding Perspective.*

Para o uso desse equipamento, o ministério recomenda que eles sejam integrados em atividades que estejam em consonância com as atuais propostas educacionais. Nesse sentido, a referência, no momento, tem sido os Parâmetros Curriculares Nacionais e sua ênfase em atividades de projetos temáticos.

Projetos – essa é a palavra que os professores mais têm ouvido nos últimos anos. É preciso trabalhar com projetos – recomendam os orientadores pedagógicos que, constantemente, enviam para as escolas sugestões de temas a serem desenvolvidos. Em 1998, muitas escolas se envolveram com o tema da Copa do Mundo. Em 1999, o tema mais presente foi o dos "500 anos do descobrimento do Brasil".

A informática é colocada como um recurso fundamental para o desenvolvimento desses projetos. Por exemplo, a Internet pode dar suporte à pesquisa de dados e disseminação dos resultados. Existe, inclusive, uma atividade dentro do programa "A escola nova na era da informática" chamada "Internet na Escola" que visa, em especial, estimular o uso da informática nos trabalhos de projetos. Para participar dessa atividade o professor precisa saber utilizar *e-mail*, construir páginas, além de usar outros recursos da Internet.[4]

Limites e possibilidades

Como vemos, existe um movimento dos órgãos governamentais no sentido de impulsionar a chegada dos computadores nas escolas. Sem dúvida, é possível notar o resultado dessas ações quando visitamos algumas escolas públicas do Estado de São Paulo, as quais frequentamos regularmente. Os Núcleos Regionais de Tecnologia Educacional estão oferecendo cursos de capacitação

---

[4] Ver algumas dessas atividades na página http://www.educacao.sp.gov.br.

para os professores e a verba continua sendo liberada para que as escolas possam atualizar e ampliar as salas de computadores. Assim, já podemos encontrar salas com mais de 10 computadores, aparelho de DVD, ligação dos computadores a uma TV com tela plana de 29 polegadas e a conexão com a Internet via ADSL (linha digital assimétrica do assinante). Essa conexão libera a linha telefônica e oferece uma transmissão mais rápida quando comparada à conexão via modem.

O interesse e envolvimento de diretores e coordenadores são crescentes e, sem dúvida, dependendo do local onde focamos nossa atenção, temos a impressão de que a área de informática educativa está ganhando força nas escolas. Porém, é preciso estar atento para o fato de que essas ações atendem a um número bastante reduzido de escolas, além de que o suprimento técnico, embora fundamental, não é garantia de uso dentro dos padrões esperados.

Há de se notar também que, até o presente momento, embora o governo tenha manifestado apoio crescente à área de informática educativa, existe sempre o temor de que a política possa influenciar a continuidade dos programas governamentais. O receio é de que uma mudança na política implique uma diminuição ou mesmo cancelamento de verbas, como já aconteceu, por exemplo, com os Cieds na década de 80. Eles deixaram de receber apoio do governo federal e, nos casos em que o governo estadual não assumiu, ficaram estagnados e sem força de atuação na capacitação dos professores.

Outro ponto para o qual atentar é a forma como a informática educativa é coordenada nas escolas. Embora em muitas o trabalho com informática tenha recebido apoio incessante da coordenação e direção, isso não é regra geral e podemos encontrar escolas onde a sala de informática é subutilizada. Existem casos em que os diretores colocam tantas normas para o uso dos equipamentos que inviabilizam qualquer iniciativa do professor no sentido de utilizá-los. Por exemplo, alguns diretores solicitam que seja apresentado um plano detalhado sobre cada atividade que será desenvolvida nos computadores. Outros permitem o uso, mas não sem antes ressaltar que o professor será responsabilizado por qualquer dano nas máquinas causado durante a sua aula. E temos, ainda, o caso em que o acesso à chave da sala fica quase impossível, porque ela está em poder de um determinado funcionário da escola que nem sempre está presente. Além da chave, a senha do servidor da rede também é de conhecimento de poucos. Assim, não há atividade com computadores, se a pessoa que possui a chave e/ou a senha do servidor não estiver na escola.

Além da restrição no uso, existe também a dificuldade imposta pela localização e espaço físico das salas ambientes de informática. Em algumas escolas ela ocupa um espaço menor do que 6 metros quadrados, impossibilitando o trabalho com turmas de mais de 10 alunos. O que fazer com os quase 30 alunos que restaram? Alguns professores deixam parte deles na sala de informática e parte na sala de aula normal. Ficam caminhando de um lado para o outro durante a aula. Em alguns casos, a localização das salas não dificulta tanto essa ação, mas há casos em que o professor tem que subir e descer escadas várias vezes. Na maioria das escolas não existe uma pessoa com quem o professor possa dividir essa tarefa.

Ainda dentro da infraestrutura é preciso pensar no apoio técnico. Um técnico em informática deveria fazer parte do quadro de funcionários da escola. Não é possível desenvolver qualquer atividade com computadores que apresentam problemas com o monitor que não liga, a impressora que não imprime, conflitos de configuração na rede, os *softwares* desaparecem e os vírus atacam. É preciso um suporte constante. Qualquer um que usa computador sabe o quanto o seu uso pode ser inviabilizado por problemas técnicos. E numa escola onde o fluxo de usuários é grande não há como evitar problemas dessa natureza. É preciso alguém que assuma essa responsabilidade. Em algumas escolas a sala de informática fica sem uso por vários meses, porque não há verba para pagar a visita de um técnico.

Outro ponto a destacar é o acesso à Internet. Parece irônico pensarmos no uso da Internet para dar suporte ao desenvolvimento dos projetos temáticos, numa escola em que há somente uma linha telefônica e ela fica ocupada o dia todo com tarefas administrativas. É preciso uma linha exclusiva para o uso dos alunos e professores. Nesse sentido, é extremamente positiva a iniciativa de conexão 24 horas pela tecnologia ADSL (Linha Digital Assimétrica do Assinante). Isso vai estimular que professores e alunos se aproximem da Internet e tirem vantagem da pesquisa em bancos de dados e da comunicação com pessoas de outros lugares. É necessário, entretanto, que tais ligações sejam estendidas a escolas de periferia e não se restrinjam àquelas da área central.

Dessa forma, é preciso que, além do equipamento, os programas do governo incentivem e fiscalizem a infraestrutura oferecida pelas escolas. Se a atividade com informática não for reconhecida, valorizada e sustentada pela direção da escola, todos os esforços serão pulverizados sem provocar qualquer impacto na sala de aula. Mas essa valorização e esse reconhecimento dependem do diretor. Porém, a organização e esse gerenciamento do uso dos equipamentos informáticos são algo novo na profissão de muitos deles e, para que possam agir com competência, precisam de formação e orientação sobre como atuar nessa área.

Neste momento podemos pensar: e agora? Existe alguma possibilidade de enfrentar tudo isso? Reconhecemos que a complexidade da rede de escolas brasileiras impõe muitos desafios para a área de informática educativa e que é preciso o empenho de diferentes setores para encontrar formas de enfrentamento e superação de alguns deles.

Consideramos que uma possível forma disso vir a acontecer é reconhecer e favorecer a expansão de ações isoladas. Ao longo da história da informática educativa no Brasil, muitas dessas ações têm se constituído em fonte de inspiração e sustentação para a atuação do governo e vice-versa.

Como exemplo, podemos destacar o núcleo de Informática Aplicada à Educação – Nied, da Universidade de Campinas. Os pesquisadores do Nied estiveram envolvidos na concepção de vários projetos governamentais. Foi um dos polos do projeto Educom na década de 80 e onde aconteceram os dois cursos de especialização do projeto Formar. São muitas as pesquisas que o

Nied tem desenvolvido nessa área e sua produção abrange *softwares*, livros, programas de formação de professores, assessoria para projetos em escolas, entre outros.[5]

As atividades da Universidade Federal do Rio Grande do Sul (UFRGS) também proliferaram a partir de seu envolvimento no Educom. Da mesma forma que o Nied, existem grupos de pesquisas em diversos setores da área de informática. Essa universidade foi uma das pioneiras em cursos a distância usando recursos da telemática. Organizou e desenvolveu um dos primeiros cursos de especialização a distância sobre Psicologia do Desenvolvimento Cognitivo Aplicada a Ambientes Informáticos de Aprendizagem.[6]

Além desses centros, outros também têm atuado nessa área com especial foco na capacitação dos professores. É o caso da Universidade Federal de Alagoas (UFAL), da Pontifícia Universidade de São Paulo (PUC-SP), da Universidade Federal de Pernambuco (UFPE) e da Universidade Estadual Paulista (UNESP). São diferentes estratégias e linhas de atuação. Nós, autores deste livro, atuamos na Unesp junto ao Grupo de Pesquisa em Informática, outras mídias e Educação Matemática (GPIMEM). A forma como esse grupo está estruturado e as ações que vem desenvolvendo procuram, da mesma forma que muitos outros grupos de pesquisa na área, articular as propostas de pesquisas com os programas de informática das escolas do ensino fundamental e médio.[7]

Além dos grupos vinculados às universidades, existem escolas privadas que acumulam diversas experiências de implementação do uso de tecnologia informática nas atividades pedagógicas. Existem, inclusive, empresas que elaboram e vendem projetos dessa natureza para as escolas. Um exemplo disso foi o Projeto Horizonte, sob responsabilidade da IBM.

Neste capítulo não pretendemos analisar em detalhes essas ações isoladas. Nosso objetivo é focalizar os programas governamentais. Procuramos apontar alguns de seus limites e destacamos

---

[5] www.unicamp.br/nied.

[6] www.pgie.ufrgs.br/portalead/rosane/nte2cd/index.html.

[7] Maiores detalhes, serão apresentados no capítulo III.

ações isoladas que vêm sendo desenvolvidas em sintonia com tais programas. Mais do que uma apresentação exaustiva, nossa intenção foi a de ressaltar como o tema envolve diferentes atores. Alguns deles já são velhos conhecidos dos que estão na escola. Outros, porém, são totalmente novos. Isso indica sua complexidade.

É preciso enfatizar que, num país com as dimensões do Brasil, não é possível pensarmos num programa nacional de informática que seja adequado a todas as escolas. O sucesso das ações de larga escala depende, em muito, de sua articulação com as ações isoladas. Será através dessa articulação que poderemos ter uma área de informática educativa em consonância com as particularidades de cada região brasileira e, através dela, ampliaremos, constantemente, o limite do que é possível e do que é necessário ao que concerne o uso de tecnologia informática nas escolas.

Capítulo II

Experiências em Educação Matemática

No capítulo anterior apresentamos e discutimos os programas governamentais que estão sendo implementados para equipar as escolas com computadores e promover o seu uso. Neste capítulo queremos apresentar alguns exemplos de como a informática pode ser inserida em situações de ensino e aprendizagem da Matemática. Esses exemplos são oriundos de estudos e pesquisas realizados por nossa equipe de pesquisa.

O primeiro exemplo que apresentaremos diz respeito ao uso da calculadora gráfica. Ela pode ser vista como um computador portátil com programas que permitem o trabalho com Geometria, Cálculo Diferencial, Estatística e Funções entre outros. Além de fazer tudo que uma calculadora científica faz, a calculadora gráfica possibilita o traçado de gráficos de funções, tais como y = cos(x). Com esse recurso ela se torna um ator importante no ensino de funções, desempenhando o papel de *softwares* como *Excel*,[8] *FUN*,[9] *Graphmatica*[10] e outros voltados para funções.

O fato de a calculadora ter uma tela pequena, com resolução pior que a do computador, pode vir a ser um problema. Por outro

---

[8] *Software* para construção de planilhas eletrônicas, da Microsoft Corporation.

[9] *Software* para o estudo de funções, criado por Marcelo de Carvalho Borba e Glauter Jannuzzi, o qual se encontra em desenvolvimento.

[10] *Software* para o estudo de funções, desenvolvido por Keith Hertzer. Homepage: www.pair. com/ksoft.

lado, um conjunto delas, suficiente para atender a demanda de uma turma de 50 estudantes trabalhando em duplas, mais o equipamento para utilizar junto ao retroprojetor, podem ser carregados em uma bolsa, e podem ser levados para qualquer sala de aula da escola sem a necessidade de adaptações nas instalações do prédio.

A calculadora gráfica tem sido amplamente utilizada em diversos países. No Brasil, o GPIMEM foi pioneiro na pesquisa com essa tecnologia. Desde 1993 ela tem acontecido em salas de aula dos cursos de matemática para o primeiro ano de graduação em Biologia da UNESP, em escolas públicas do ensino fundamental e médio e, ainda, em outros ambientes em que estudantes desenvolvem atividades que requerem o pensar em conjunto com a calculadora gráfica.

Exemplo envolvendo representação gráfica de movimentos corporais e sensores

Durante alguns anos, temos desenvolvido atividades na Escola Estadual Heloisa Lemenhe Marasca, uma escola da cidade de Rio Claro-SP que possui turmas de 5ª a 8ª série do ensino fundamental. Nessa escola as calculadoras foram utilizadas em sala de aula por duas professoras de matemática a partir de um trabalho liderado por Nilce Scheffer.[11]

Inicialmente utilizamos calculadoras comuns em atividades sobre temas como radiciação. Em uma etapa posterior, os estudantes utilizaram as calculadoras gráficas para explorar os gráficos de funções lineares e quadráticas. A etapa final do trabalho envolveu o uso do CBR,[12] que é um detector sônico de movimento que, ao ser acoplado à calculadora gráfica (figura 1), permite medir a distância desse sensor a um alvo. Esses dados são transmitidos para a calculadora que exibe um gráfico cartesiano de distância x tempo. O gráfico traçado pela calculadora mostra a variação da distância entre o sensor (CBR) e um alvo durante 15 segundos.

---

[11] Membro do GPIMEM e Profa. da URI – Erechim, RS.

[12] CBR – *Calculator Based Ranger* – detector sônico de movimento que mede distância, velocidade e aceleração. Equipamento produzido pela *Texas Instruments*. *Homepage*: www.ti.com.

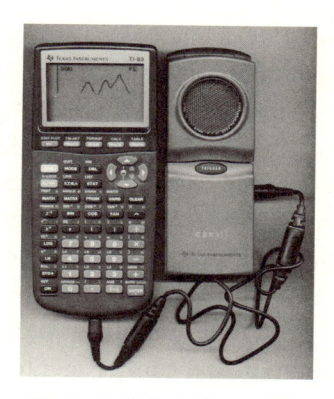

Conjunto Calculadora – CBR

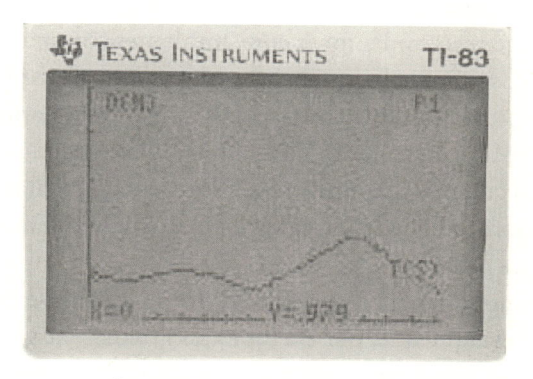

*Detalhe do visor da calculadora mostrando
um gráfico gerado com dados colhidos pelo CBR*

Esse sensor é um exemplo de como uma nova interface, que pode ser entendida como um canal de comunicação entre a máquina e o ser humano, modifica a tecnologia e as potencialidades pedagógicas. Borba e Scheffer (2001), por exemplo, apresentam como o CBR pode evidenciar o papel do corpo na aprendizagem de conceitos como funções.

Usualmente, a ênfase para o ensino de funções se dá via álgebra. Assim, é comum encontrarmos em livros didáticos um grande destaque para a expressão analítica de uma função e quase nada para os aspectos gráficos ou tabulares. Tal destaque muitas vezes está ligado à própria mídia utilizada. Sabemos que é difícil a geração de diversos gráficos num ambiente em que predomina o uso de lápis e papel e, então, faz sentido que não se dê muita ênfase a esse tipo de representação.

No final dos anos 1980 e início dos anos 1990, essa abordagem para funções é bastante questionada e surgem diversos autores (cf.: Borba e Confrey, 1996; Borba, 1995; Kaput, 1987; Eisenberg e Dreyfus, 1991; Goldenberg e Kliman, 1990) falando em representações múltiplas. Eles enfatizam que o importante não é privilegiar apenas um tipo de representação e, sim, diferentes representações para uma mesma função: a expressão algébrica, o gráfico e a tabela. E, mais do que trabalhar com cada uma dessas representações de forma isolada, Borba e Confrey (1996) propõem a coordenação entre elas como um novo caminho para o conhecimento de funções, ou seja, uma epistemologia das representações múltiplas. Assim, conhecer sobre funções passa a significar saber coordenar representações. Essa nova abordagem só ganha força com ambientes computacionais que geram gráficos vinculados a tabelas e expressões algébricas.

Atualmente, consideramos que o sensor acoplado à calculadora permite uma ampliação dessa ideia de coordenação de representações do conceito de função. As representações citadas têm que englobar, agora, a coordenação também dos movimentos do corpo e dos gráficos oferecidos para eles.

Assim, no início da década de 90 tivemos a ênfase na visualização, com o destaque que, por exemplo, os gráficos passaram a ter. Já agora, temos a visualização relacionada ao movimento do próprio corpo seguida da coordenação desse movimento com a representação gráfica e, posteriormente, coordenando ambos com as representações tabulares e algébricas.

Essa proposta pode se tornar mais clara se apresentarmos dois exemplos. O primeiro é protagonizado por uma dupla de estudantes, André e Naíta, da 8ª série da escola Heloisa Marasca no ano de 1999. As atividades foram desenvolvidas numa sala de pesquisa da UNESP e foram documentadas de forma detalhada através de uma prática de pesquisa conhecida como experimentos de ensino.[13]

O problema apresentado a André e Naíta solicitava que eles movimentassem o CBR e imaginassem uma representação para esse

---

[13] A pesquisadora que esteve com eles foi Nilce Scheffer e a filmagem foi realizada por Geraldo Lima, ambos membros do GPIMEM.

movimento antes de ver o gráfico gerado pela calculadora. Eles estavam numa sala de formato retangular, com dimensões de 4 x 6,5m, e André, posicionando-se no centro da sala, realizou um movimento circular. O CBR, portanto, estava medindo a distância entre ele e as paredes durante 15 segundos. A figura ilustra André utilizando a calculadora com o CBR.

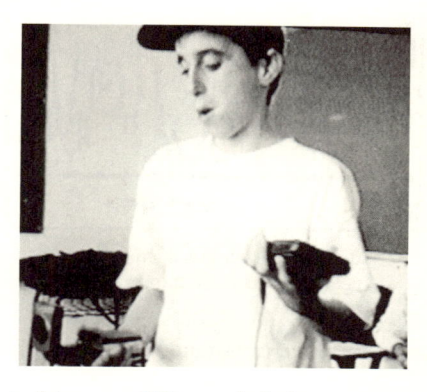

André, com o CBR e a calculadora nas mãos,
faz um movimento girando em torno do corpo dele mesmo.

A partir do movimento houve grande discussão entre os dois alunos, com pouca participação da entrevistadora. Inicialmente eles pensaram que o gráfico seria de forma circular, conforme mostra a figura abaixo. A justificativa de André era a de que o movimento havia sido circular.

André desenha na lousa como ele imagina
que gráfico será traçado na calculadora

Após verem o gráfico mostrado pela calculadora, eles iniciaram uma discussão sobre porque ele era diferente daquele que André havia feito no quadro. Questionaram sobre o que o CBR estava medindo e fizeram várias conjecturas dentre as quais as que se seguem:

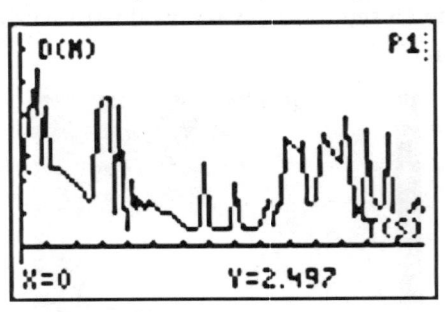

Gráfico gerado na calculadora
pelo movimento feito por André

Nilce: *O que aconteceu ali?* (mostrando o gráfico na calculadora).

...

Naíta: *Ele* (o CBR) *pega a distância do ponto que ele estava da lousa, ou a janela, ou a porta, ...*(Naíta aponta os diferentes alvos que o CBR pode ter atingido quando André fez o movimento circular no centro da sala).

Nilce: *Hmm. Pegou essas distâncias, você acha?*

Naíta: *Então, se fosse em outro lugar, acho que ficaria "mais resultado",[14] por exemplo, daí seriam quatro posições, daí seria a da lousa, a porta, a janela e essas duas lousas* (apontando para os locais).

Nilce: *Hmm!*

Naíta: *Ela* (referindo-se à calculadora e ao CBR) *pegou a distância só.*

Nilce: *Então, aqui, na calculadora o CBR pegou o quê?*

Naíta: *Pegou a distância, acho.*

Nilce: *A distância.*

Naíta: *Eu acho que ele* (apontando para André) *imaginou daquele jeito* (apontou para o desenho na lousa feito por André) *porque ele aí, eu acho que não considerou as quatro paredes,*

---

[14] "Mais resultado" para ela é mais perfeito, mais certinho.

> *ele quis fazer um gráfico de setores. Certo? Enquanto ele foi rodando* (ela girou com a mão), *a distância daqui até ali não era a mesma.* (apontou as duas paredes). *Ele estava mais perto da lousa, então houve uma diferença. Entendeu?*

O trecho transcrito ilustra como os estudantes Naíta e André, com apoio da pesquisadora Nilce Scheffer, tentavam coordenar o movimento feito por André e o CBR com o gráfico apresentado na calculadora. Em seguida, André tenta explicar sua representação, relacionando-a com uma sala diferente, circular, porque o que ele representou no quadro de giz foi uma reprodução da trajetória do movimento feito com o CBR e não o gráfico cartesiano do movimento, considerando as variáveis de distância e tempo. Vejamos como ele faz isso e como Naíta termina por resolver a questão:

> **André**: *Ali naquele movimento* (apontou para a figura feita por ele na lousa) *circulatório, estando numa sala redonda, né, e bem no centro dela, daí* (repetiu o movimento com seu corpo) *a distância seria uma só.*
>
> **Nilce**: *E daí como será que ficaria o gráfico?*
>
> **André**: *Ficaria circular.*
>
> **Nilce**: *Será que ficaria circular?*
>
> **Naíta**: *Como a calculadora representa com retas, daí seria uma reta só.*
>
> **Nilce**: *Hmm. Interessante. Então, se nós estivéssemos numa sala circular conforme está dizendo o André, esse gráfico aqui* (apontei para o gráfico da calculadora) *ficaria como, Naíta?*
>
> **Naíta**: *Por exemplo, se o movimento do braço de André não saísse do lugar, se não movimentasse o braço e só girasse o corpo, ficaria uma reta porque seria uma só distância.*

Com essa observação, Naíta completa a ideia de que o gráfico cartesiano, nesse momento, está representando um movimento corporal através de um segmento de reta que descreve uma variação de espaço e tempo. Naíta resolve a questão que envolvia ambos dizendo que, se a sala fosse circular e André estivesse no meio dela, a distância seria a mesma e o gráfico seria uma reta. Dentro do contexto do experimento e de gestos da aluna, é possível inferir que ela se referia ao que chamaríamos de função constante (y=c, onde "c" é constante).

Esse episódio mostra que coordenar o movimento do próprio corpo, com sua representação cartesiana e com a tecnologia envolvida, é, ao mesmo tempo, difícil, possível e relevante. Essa coordenação permite aos alunos verem o gráfico não como um desenho do movimento, mas como uma perspectiva que fragmenta esse movimento e destaca um aspecto dele, nesse caso, a distância a um alvo. Entender que gráficos, de uma maneira geral, representam fragmentações é fundamental para o ensino de funções a fim de que o estudante possa em seguida coordenar essa representação com as tabulares e algébricas.

Um exemplo que enfatiza a coordenação da representação gráfica com a algébrica será apresentado a seguir.

Exemplos envolvendo representações gráficas e algébricas

Esse exemplo foi gerado em atividades com alunos da disciplina de Matemática Aplicada do primeiro ano do curso de graduação em Biologia. Desde 1993, essa disciplina tem sido ministrada pelo primeiro autor deste livro, o qual registra as aulas em vídeo para posterior análise. Nessa disciplina são tratados conteúdos matemáticos relativos às funções e introdução aos conceitos de derivada e integral.

Calculadoras gráficas e *softwares* que possibilitam o traçado de gráficos de funções têm sido utilizados de forma acentuada ao longo dos anos. Praticamente todos os tópicos são iniciados a partir de atividades com a calculadora. As atividades, além de naturalmente trazer a visualização para o centro da aprendizagem matemática, enfatizam um aspecto fundamental na proposta pedagógica da disciplina: a experimentação. As novas mídias, como os computadores com *softwares* gráficos e as calculadoras gráficas, permitem que o aluno experimente bastante, de modo semelhante ao que faz em aulas experimentais de biologia ou de física. Podem experimentar com gráficos de funções quadráticas do tipo $y = ax^2+bx+c$, por exemplo, antes de conhecerem uma sistematização de função quadrática. Nessa turma da Biologia, os alunos têm investigado como os diferentes coeficientes de polinômios do tipo acima influenciam os gráficos de funções e tentam coordenar ambas as representações: que alteração ocorre no gráfico quando um determinado coeficiente é alterado. Divididos em grupos, os alunos geram várias conjecturas e conseguem desenvolver argumentos para várias delas. Em um dado momento, o professor coordena uma socialização dos resultados obtidos. É nesse momento que "conjecturas locais", levantadas em sala de aula, são debatidas. Elas são descartadas ou mantidas e ganham novas argumentações que lhe dão apoio a partir da fala dos colegas e do professor.[15]

Portanto, nesse processo os alunos experimentam com a calculadora, geram conjecturas por escrito e oralmente e as debatem. Em uma dessas ocasiões, na turma de 1998, um grupo, liderado pela aluna Renata, propõe que: "quando 'b' é maior que zero, a parábola vai cortar o eixo y com sua parte crescente, quando 'b' for maior que zero. Quando 'b' for menor que zero, ela vai cortar o 'y' com sua parte decrescente (a aluna faz gestos tentando desenhar com a mão no ar o que disse)" (transcrito da fita de vídeo, 7 de abril de 1998).

No momento dessa afirmação, o professor não sabia como responder se a conjectura estava certa ou errada. A turma inteira perguntou ao professor se a afirmação era verdadeira ou não. É importante notar que conjecturas como essa surgem constantemente durante uma aula, embora essa ganhe destaque pela concisão e por ser desconhecida de todos naquele momento. Mais ainda, vale ressaltar que a conjectura é fruto do enfoque experimental-com-tecnologias, visto que ela surge das investigações feitas em conjunto com as calculadoras gráficas e com o computador equipado com o *software FUN*. Esses alunos, que já haviam trabalhado com o CBR, coordenando gráficos com movimentos, agora estendiam tal coordenação até a representação algébrica e geravam conjecturas formuladas de forma original. Conforme discutido com mais detalhe em Borba (1999a), a conjectura é correta e permite que, a partir dela, se associe o vértice, máximos e mínimos da parábola com a noção de derivada. Permite ainda que se discuta a natureza da transformação que está sendo realizada quando o coeficiente "b" varia. O importante a destacar, aqui, é que as mídias informáticas associadas a pedagogias que estejam em

---

[15] A importância da experimentação e da atuação do professor é também discutida por Jahn (2000).

ressonância com essas novas tecnologias podem transformar o tipo de matemática abordada em sala de aula.

Ao utilizar a tecnologia de uma forma que estimule a formulação de conjecturas e a coordenação de diversas representações de um conceito, é possível que novos aspectos de um tema tão "estável", como funções quadráticas, apareçam em uma sala de aula de não especialistas em matemática. Entendemos, como discutiremos de modo mais detalhado no próximo capítulo, que as diferentes mídias, como a oralidade, a escrita e informática, condicionam o tipo de conhecimento que é produzido, por exemplo, em uma sala de aula de matemática de um curso de Biologia.

Ainda nesse mesmo tipo de experimentação, em 1999, assim como em anos anteriores, quando a atividade de explorar as relações entre gráficos e coeficientes de $y = ax^2 + bx + c$ foi desenvolvida, um outro grupo formulou discussões sobre como o vértice da função se altera quando o coeficiente "b" varia. O problema que encantou vários grupos da turma de 1999, provavelmente por causa de sua estética, se tornou a partir do ano seguinte um dos problemas da lista usual de problemas sugeridos aos alunos. Assim, podemos ver que a pesquisa feita com alunos pode gerar efeitos diretos em anos seguintes para o próprio planejamento didático e pedagógico. Mas vamos a mais detalhes sobre a atividade. Como mostra a figura 1, ao variarmos o "b" em um *software* de funções, temos figuras como estas. Nesse caso, os gráficos a seguir representam a variação de polinômios do tipo $y = x^2 + bx + 3$.

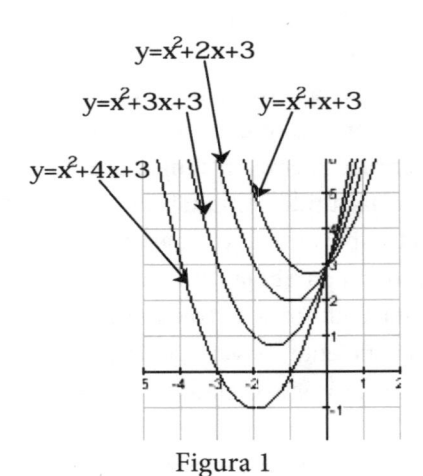

Figura 1

Na figura 2 podemos ver o que vários grupos de estudantes veem: a variação do coeficiente "b" provoca um movimento do vértice da parábola que é descrito por uma outra parábola. Nesse caso, a equação da parábola que descreve o deslocamento do vértice é y = -x²+3.

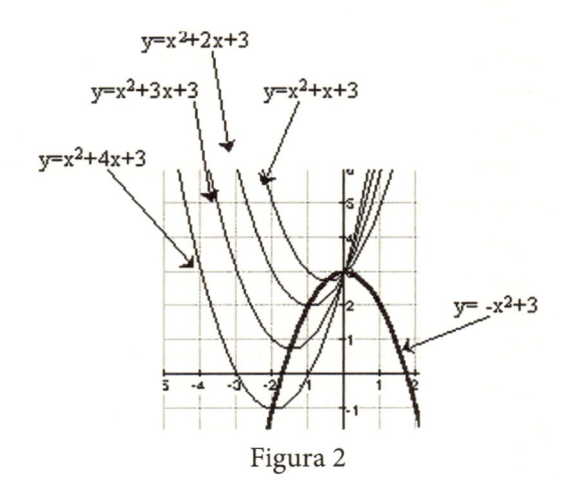

Figura 2

Vários alunos, usando métodos como tentativa e erro, chegam a essa equação. Mas, quando o professor pergunta "por que a equação é esta?", ele faz um convite para que os alunos busquem um maior entendimento da situação e tentem elaborar algumas justificativas.

É interessante notar que, nessa ocasião, na qual temos um problema aberto ligado ao trinômio y = ax²+bx+c, chegamos a um problema mais específico, que é o de encontrar um gráfico que descreve o movimento do vértice. Esse último problema mobilizou boa parte da turma e, então, surge um terceiro problema, ligado à justificativa da solução encontrada para o anterior, que é provocado por um questionamento feito pelo professor. Para este terceiro problema, aparece uma solução que mostra a relação da álgebra com o gráfico. Se pensarmos que

$$x_v = \frac{-b}{2a} \quad \text{e, portanto, } b = -2ax_v \quad (1)$$

$$y_v = \frac{-\Delta}{4a} \quad \frac{-b^2 + 4ac}{4a} = \frac{-b^2}{4a} + c \quad (2)$$

ao substituirmos *(1)* em *(2)*, temos que

$$y_v = \frac{-(-2a\,x_v)^2}{4a} + c = \frac{-4a^2x_v^2}{4a} + c = -ax^2_v + c$$

Assim, temos que, no nosso caso, os coeficientes "a" e "c" são fixos e o coeficiente "b" varia e a parábola $y = -x^2+3$ passa pelos vértices das parábolas da família $y = x^2+bx+3$.

Generalizando, a função $y = -ax^2+c$ descreve o deslocamento do vértice da parábola do tipo $y = ax^2+bx+c$, quando variamos o coeficiente "b" e os coeficientes "a" e "c" são mantidos fixos.

Nesse exemplo, deve ser destacada a dinâmica de como um problema pode remeter a outro, bem como a possibilidade de gerar conjecturas e ideias matemáticas a partir da interação entre professores, alunos e tecnologia. A experimentação se torna algo fundamental, invertendo a ordem de exposição oral da teoria, exemplos e exercícios bastante usuais no ensino tradicional, e permitindo uma nova ordem: investigação e, então, a teorização.

Exemplo envolvendo modelagem, gráficos e tabelas

A importância da investigação tem sido amplamente valorizada pela comunidade de Educação Matemática. Como vimos anteriormente, ela ganha destaque na proposta pedagógica experimental-com-tecnologia. Porém, pode-se argumentar que da forma como está sendo apresentada, ela é bastante internalista, ou seja, as situações investigadas fazem referência à própria matemática. Para tentar expandir a investigação em sala de aula em direção a temas mais gerais, buscamos integrar a experimentação com tecnologia ao trabalho de modelagem.

Antes de descrevermos e ilustrarmos como isso tem sido feito nas turmas do curso de Biologia, gostaríamos de enfatizar que entendemos como legítimo o fato de a matemática ser trabalhada como tema, ou seja, que a investigação se desenvolva numa perspectiva internalista da matemática. Porém, consideramos importante que ela seja articulada com temas mais amplos.

Vemos a modelagem como uma perspectiva pedagógica adequada a esse fim. Na modelagem os alunos escolhem um tema e, a partir desse tema, com o auxílio do professor, eles fazem investigações. No caso que estamos tomando como exemplo aqui, a disciplina de Matemática Aplicada do curso de Biologia, os alunos devem fazer um relatório escrito, bem como uma apresentação oral do trabalho realizado.

Os alunos escolhem diferentes temas para investigarem. Há temas ligados à música, à Biologia, ou mesmo à própria Matemática, como foi o caso de um grupo que investigou sobre os fractais. Em alguns casos, pouco uso é feito das calculadoras gráficas ou de outros aplicativos computacionais. Em outros, este uso é fundamental, como o desenvolvido por um grupo em 1995, conforme relataremos em seguida. Existem vários exemplos mais recentes, mas a razão de nossa escolha deve-se ao fato de a matemática envolvida ser também relativa a funções quadráticas.[16]

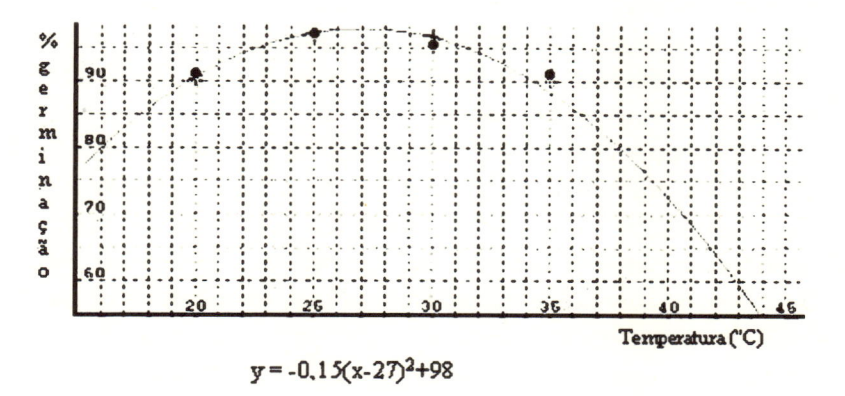

$$y = -0.15(x-27)^2+98$$

Dados coletados

Temp.	Germ.
20	90,72
25	97,43
30	95,76
35	90,76

---

[16] Há exemplos de trabalhos de modelagem envolvendo funções exponenciais, logaritmos e integrais em Borba (1999b, 1999c) e Borba *et al.* (1997).

O tema escolhido era a germinação de sementes de melão e o grupo tentou relacionar temperatura com o percentual de sementes que germinaram. A figura abaixo mostra os pontos, tanto na tabela quanto no gráfico, e a equação que gerou um gráfico de uma parábola que modela os pontos provenientes da coleta de dados.

Há de se notar aqui alguns aspectos importantes, o primeiro sendo o processo pelo qual o grupo chegou até a equação acima. Os alunos utilizaram grande parte do que tinham desenvolvido dentro do enfoque experimental-com-calculadora para chegar à equação $y = 0,15(x-27)^2+98$. Eles partiram da equação $y = -x^2$, pensaram em como transladá-la para a direita $(x-27)$, como "abrir a concavidade" com o 0,15 e como deslocá-la verticalmente com o 98. O professor esteve orientando todo o processo. Na apresentação oral, os alunos argumentam com clareza como eles deram os passos acima, embora não nessa forma sintética que apresentamos, e procuram mostrar para os colegas e para o professor que sabiam que estavam aproximando os pontos pela curva que tanto trabalho tiveram para encontrar.

O segundo aspecto que merece destaque é o fato de que só o enfoque experimental não bastava, pois foi necessário tomar uma decisão anterior, ou seja, fazer o ajuste da curva com uma função quadrática e não com uma linear ou exponencial, por exemplo. Para isso, o grupo combinou argumentos que estão na interface da biologia com a matemática para decidir por essa família de funções. Os alunos sabiam que temperaturas muito baixas e muito altas levariam à não germinação das sementes e gostariam de saber qual seria a temperatura ótima para se atingir uma maior quantidade de sementes germinadas. Utilizaram para isso o conhecimento que já possuíam sobre germinação, funções e derivação.

Um terceiro aspecto a ser destacado é que há *softwares* que fazem ajuste de curvas de uma forma bastante simples. Com um *software* desse tipo, os alunos poderiam facilmente determinar qual a melhor função que se ajustaria ao conjunto de pontos coletados. Entretanto, o professor só enfatiza isso após o aluno ter, por exemplo, trabalhado com funções, como fez esse grupo. Isso geralmente acontece ao final do semestre e o professor encaminha a discussão tentando fazer uma conexão com a disciplina de Estatística que terá que ser cursada no ano seguinte.

Finalmente, deve ser destacado que o acesso à tecnologia foi fundamental para que os alunos realizassem esse trabalho. De outra forma, dificilmente um grupo de alunos, não especialistas em cálculos algébricos, realizaria tal investigação e chegaria a tal modelo.

O trabalho com a modelagem e com o enfoque experimental sugere que há pedagogias que se harmonizam com as mídias informáticas de modo a aproveitar as vantagens de suas potencialidades. Essas vantagens podem ser vistas como sendo a possibilidade de experimentar, de visualizar e de coordenar de forma dinâmica as representações algébricas, tabulares, gráficas e movimentos do próprio corpo.

Neste capítulo buscamos ilustrar com alguns exemplos como a matemática está acontecendo em ambientes educacionais onde desenvolvemos nossas pesquisas, ensino e trabalhos de extensão. Buscamos ilustrar como temas já conhecidos – como funções – podem ganhar uma nova perspectiva quando computadores e calculadoras se tornam atores no cenário da sala de aula. Neste momento, o leitor pode estar se perguntando sobre o porquê de estarmos, em várias ocasiões neste capítulo, referindo-nos aos computadores e às calculadoras como atores e não como simples recursos didáticos. Essa forma de tratar a tecnologia está relacionada com o nosso posicionamento sobre o papel das mídias no processo de construção de conhecimento e baseia-se na perspectiva teórica que utilizamos para pensar a relação entre seres humanos e computador a qual será apresentada em maiores detalhes no capítulo que se segue.

Capítulo III

Reorganização do pensamento e coletivo pensante

No capítulo anterior apresentamos episódios que retratam como as novas tecnologias informáticas podem ser utilizadas num ambiente educacional. Este é o momento de aprofundarmos a compreensão dos exemplos discutidos, e de outros que serão aqui apresentados, através de uma discussão teórica sobre o lugar do computador em práticas educativas nas quais se enfatiza a produção de significado por parte de alunos, professores e pesquisadores envolvidos em tais práticas.

Entendemos que uma nova mídia, como a informática, abre possibilidades de mudanças dentro do próprio conhecimento e que é possível haver uma ressonância entre uma dada pedagogia, uma mídia e uma visão de conhecimento. Não se trata de dizer que existe uma relação biunívoca entre conhecimento e pedagogia ou entre mídia e pedagogia. E, por outro lado, como vamos discutir mais neste livro, uma determinada mídia não determina a prática pedagógica. Entendemos, entretanto, que os exemplos aqui apresentados são resultado da harmonia existente entre o enfoque pedagógico e as mídias utilizadas. Ao mesmo tempo, eles podem ser considerados como uma tentativa de superar problemas de práticas do ensino tradicional vigente. Assim, o enfoque experimental explora ao máximo as possibilidades de rápido *feedback* das mídias informáticas e a facilidade de geração de inúmeros gráficos, tabelas e expressões algébricas. Por outro lado, essa prática pedagógica estimula a utilização de problemas abertos, de formulação de conjecturas em que a sistematização só se dá como coroamento de um processo de investigação por parte de estudantes (e, muitas vezes, do próprio professor).

Dessa forma, busca-se superar práticas antigas com a chegada desse novo ator informático. Tal prática está também em harmonia com uma visão de construção de conhecimento que privilegia o processo e não o produto-resultado em sala de aula, e com uma postura epistemológica que entende o conhecimento como tendo sempre um componente que depende do sujeito.

Para nós, uma tal prática é a modelagem. A modelagem pode ser e já foi bastante praticada no Brasil e em outros países sem o uso da mídia informática. Entretanto, a sinergia é imensa entre uma proposta que enfatiza a pesquisa por parte dos alunos e uma mídia que facilita tal empreitada. *Softwares* de geometria dinâmica como o *Geometricks* (2000)[17] ou o *Cabri*,[18] *softwares* de funções como os presentes nas calculadoras gráficas ou *softwares* que permitem o trabalho com funções, tabelas e estatística como o *Excel*, tornam-se importantes aliados em investigações abertas como as empreendidas em uma abordagem ligada à modelagem.

Mais recentemente, o acesso à Internet, para procurar informações e comunicar-se com especialistas em um dado tema, tem facilitado o trabalho e ampliado as possibilidades de investigação de grupos de alunos que estão se iniciando na pesquisa. É nesse sentido que acreditamos que a modelagem se coaduna com a mídia informática, e também com uma visão de conhecimento que, além do aspecto subjetivo, destaca, ao contrário de várias visões epistemológicas, a importância das diferentes mídias na geração de novos conhecimentos. Para aprofundarmos essa visão, discutiremos, a seguir, a noção de técnica e apresentaremos mais detalhadamente como vemos que o conhecimento é gerado por seres humanos e também por mídias.

O humano e a técnica

Em uma rápida visita a dicionários de filosofia, como Lalande (1999), poderemos encontrar um forte componente de separação

---

[17] *Software* para o estudo de Geometria. www.rc.unesp.br/matematica/tricks.

[18] *Software* para o estudo de Geometria. www.ti.com/calc/brasil/produtos/cabri.htm.

entre humanos e técnicas. Os primeiros são vistos como criativos, quentes e bons, enquanto as técnicas são vistas como repetitivas, frias e que podem dominar os humanos. Essa dicotomia entre seres humanos e técnicas parece ter se aguçado em sociedades como a nossa, onde, na década de 70, havia grandes discursos sobre o perigo das máquinas dominarem os humanos e, em particular, dos computadores e calculadoras "emburrecerem" nossas crianças. Dessa forma, deveríamos evitar que nossos alunos fossem contagiados pelos processos mecânicos das mídias informatizadas.

Não nos dávamos conta de que a própria mídia lápis e papel estava presente em toda nossa educação e que não obrigávamos a criança a utilizar apenas a oralidade para lidar com todos os conteúdos da escola. Em outras palavras, lápis-e-papel é tecnologia que estende a nossa memória, como coloca Levy (1993). Esse autor enfatiza que a dicotomia entre técnica e ser humano na prática nos desarma, pois não permite que vejamos como a história da humanidade está sempre impregnada de mídias, e que devemos de fato nos preocupar com as transformações do conhecimento nesse momento em que uma nova mídia, no caso a informática, está se tornando cada vez mais presente em nosso cotidiano.

Levy (1993) enfatiza que a história das mídias sempre esteve entrelaçada com a história da própria humanidade. Ele utiliza a noção de tecnologias da inteligência para caracterizar três grandes técnicas que estão associadas à memória e ao conhecimento. Ele se refere à oralidade, à escrita e à informática. Nesse sentido, a oralidade era utilizada para estender nossa memória. Os mitos eram uma forma para as sociedades guardarem importantes partes de sua cultura. A difusão da escrita, que acontece principalmente nos séculos XVII e XVIII, na Europa, com o surgimento do livro no formato semelhante ao que temos hoje, é que permite que a memória se estenda de modo qualitativamente diferente em relação a uma outra tecnologia da inteligência, a oralidade. Assim, a escrita enfatiza e permite que a linearidade do raciocínio apareça. As sequências lógicas e as narrativas, embora já existissem antes da popularização da escrita ou, talvez, mesmo antes dela, só ganham destaque com a mudança técnica que permite que o livro, papel, lápis e instrumentos afins se tornem acessíveis.

Da mesma forma, devemos entender a informática. Ela é uma nova extensão de memória, com diferenças qualitativas em relação às outras tecnologias da inteligência e permite que a linearidade de raciocínios seja desafiada por modos de pensar, baseados na simulação, na experimentação e em uma "nova linguagem" que envolve escrita, oralidade, imagens e comunicação instantânea. Nesse contexto a metáfora da linearidade vem sendo substituída pela da descontinuidade e pelos dos *links* que são feitos por cada um que acessa uma dada *homepage*, ou um dado menu de um *software* mais tradicional, tal qual aqueles ligados a um conteúdo como geometria ou funções.

Essa rápida passagem pela história das mídias permite que vejamos que a dicotomia entre técnica e ser humano não é baseada em uma perspectiva histórica como a apresentada acima. A perspectiva histórica, a qual abraçamos, sugere que os seres humanos são constituídos por técnicas que estendem e modificam seu raciocínio e, ao mesmo tempo, esses mesmos seres humanos estão constantemente transformando essas técnicas. Assim, não faz sentido uma visão dicotômica. Mais ainda, entendemos que conhecimento só é produzido com uma determinada mídia, ou com uma tecnologia da inteligência. É por isso que adotamos uma perspectiva teórica que se apoia na noção de que o conhecimento é produzido por um coletivo formado por seres-humanos-com-mídias, ou seres-humanos-com-tecnologias e não, como sugerem outras teorias, por seres humanos solitários ou coletivos formados apenas por seres humanos.

Assim, chamamos calculadoras gráficas e computadores munidos de *softwares* de atores e estamos sempre pensando como mudanças, nos seres humanos e também nas tecnologias, modificam esse coletivo pensante seres-humanos-com-mídias.

Em nossa perspectiva, os computadores não substituem ou apenas complementam os seres humanos. Os computadores, como enfatiza Tikhomirov (1981), reorganizam o pensamento. A visão de pensamento aqui adotada inclui a formulação e resolução de problemas e o julgamento de valor de como se usa um dado conhecimento. Entendemos que não há apenas uma justaposição de técnica e seres humanos, como se a primeira apenas se juntasse aos últimos. Há uma interação entre humanos e não humanos de forma que aquilo que é um problema com uma determinada tecnologia passa a ser uma mera questão na presença de outra. Traçar um gráfico de uma função como $y=2^x$ pode ser um problema que engaje alguém em um coletivo no qual não haja mídias informáticas, mas não o será onde houver um *software* que permite o traçado de gráficos. O nosso trabalho, como educadores matemáticos, deve ser o de ver como a matemática se constitui quando novos atores se fazem presentes em sua investigação.

Antes de prosseguirmos relatando algumas das pesquisas do GPIMEM, queremos ressaltar dois aspectos. O primeiro é que devemos ver que, tanto na análise da história das mídias feita por Levy (1993) quanto em pesquisas recentes, fica evidente que uma mídia não extermina outra. De maneira geral, o cinema não acabou com o teatro, o vídeo não eliminou o cinema; da mesma forma, a oralidade não foi suprimida pela escrita: pelo contrário, foi criada uma nova oralidade a partir da leitura da escrita. Não acreditamos que a informática irá terminar com a escrita ou com a oralidade, nem que a simulação acabará com a demonstração em Matemática. É bem provável que haverá transformações ou reorganizações. O leitor deve ter notado nos exemplos apresentados no capítulo anterior que outras mídias, como lousa-e-giz, estavam presentes e foram utilizadas pelo professor e pelos alunos envolvidos nas atividades. A mídia informática teve destaque porque esse é o tema eleito por nós para pesquisa.

O segundo ponto que queremos enfatizar é que a visão de conhecimento expressa acima está em ressonância, para utilizar expressão de Lincoln e Guba (1985), com a visão que temos de pedagogia e de utilização das mídias, conforme fomos, aos poucos, construindo neste capítulo e no anterior.

Na próxima seção, a das pesquisas que têm sido feitas por nosso grupo, apresentaremos a noção de rede de ação assim como estendemos a ideia de harmonia entre pedagogia, visão de tecnologia e de conhecimento, para questões de metodologia de pesquisa.

Algumas pesquisas

Ao longo desses anos, o GPIMEM tem se proposto a perseguir diversas perguntas de pesquisa. Souza (1997) indaga sobre a forma como os alunos utilizam a calculadora gráfica para estudar funções do 2º grau. Borba *et al.* (1997) mostra como alunos em sala de aula utilizam essas calculadoras para expressar gráfica e algebricamente um trabalho com um tema ligado à Biologia. A análise do trabalho desses alunos mostra como uma investigação na linha da modelagem ganha novos contornos quando tecnologias informáticas são utilizadas. Tal exemplo, dentre outros, serve para que perguntas envolvendo a relação entre tecnologias e pedagogias sejam tematizadas. Zanin (1997) discute como um *software*, como o *Logo*,[19] pode ser usado em uma escola que disponibiliza recursos informáticos, mas é inflexível em relação ao cumprimento da grade curricular. Em nível especulativo, já que não há evidências em seu estudo, Zanin (1997) atribui parte dessa rigidez à pressão dos pais. Da Silva (2000) tematiza a posição dos pais sobre o uso de informática na escola de seus filhos. Ela entrevista diversos pais cujos filhos fizeram parte da turma de alunos estudada por Zanin. Já Penteado Silva (1997) desenvolveu um longo trabalho de campo em uma escola voltada para Educação Infantil e as quatro primeiras séries do ensino fundamental em um momento bastante particular: o uso de informática estava sendo implementado nessa escola. A autora discute como os diversos atores da escola, administradores, professores e alunos, se "re-arranjam" com a chegada dos "atores informáticos". Villarreal (1999) estuda de forma detalhada como um grupo de estudantes pensa sobre conceitos do cálculo ao usar o *software Derive*.[20] Scheffer (2001) tematiza como detectores sônicos podem ser utilizados em atividades com "temas transversais", como o tema "movimento", com alunos de 8ª série. Araújo (2002) e Barbosa (2001) discutem aspectos da modelagem em relação, respectivamente, à informática e à formação de professores. Cancian (2001) discute a mudança no pensamento e na prática de professores engajados num trabalho colaborativo sobre a utilização de tecnologia informática na Educação Matemática. Mais recentemente, um outro tema tem sido objeto de pesquisa no grupo. Trata-se da Educação

---

[19] *Software* de Programação voltado à Educação. Para maiores informações, ver: www.nied. unicamp.br/sobre/links/logo.htm.

[20] *Software* para o estudo de funções. Para maiores informações, ver: www.derive.com.

a Distância. Gracias e Borba, a partir de um curso de extensão em Educação Matemática oferecido pela Internet, e Penteado, através de um projeto que envolve uma rede de professores trabalhando colaborativamente com pesquisadores e futuros professores na organização e elaboração de atividades didático-pedagógicas.[21]

As perguntas e temas estudados pelo GPIMEM, parcialmente sumarizadas acima, fazem parte de uma concepção de pesquisa integrada. Entendemos que, para que se compreenda um fenômeno como a presença da informática na Educação (Matemática), é necessário desenvolver uma rede de ações de pesquisa como a que fizemos, entrelaçando-a com outros nós de uma rede mais abrangente de pesquisas desenvolvidas por outros grupos ou indivíduos. Os GTs da SBEM, Grupos de Trabalho da Sociedade Brasileira de Educação Matemática, ou os GTs de Educação Matemática da ANPED, Associação Nacional de Pesquisa em Educação, podem vir a se tornar o local ideal para que essa teia entre diversos grupos seja tecida para que possamos discutir e entender a diversidade de resultados e sua articulação com o tipo de pergunta e a metodologia de pesquisa adotada.

Por outro lado, entendemos que as pesquisas do GPIMEM têm uma coerência entre si que é dada pela visão de conhecimento presente em todas elas. Essa visão valoriza a compreensão e não um resultado. Acreditamos que a pergunta de pesquisa e a metodologia adotada andam juntas. Em outras palavras, não cremos que o pesquisador pense em uma pergunta, em uma dada manhã e, pela tarde, vá à estante onde estão as diversas metodologias de pesquisa e escolha a mais adequada à sua pergunta. Cremos que tal asserção é ainda mais válida se metodologia não for tomada no sentido mais restrito de procedimentos de pesquisa, como fazem alguns autores. No sentido mais amplo, engloba os procedimentos e visão do que é conhecimento.

Aqui é importante voltar à noção de ressonância posta por Lincoln e Guba (1985), que enfatizam a coerência entre visão de conhecimento, procedimentos de pesquisa e pedagogia. Citam, como exemplo, que uma visão behaviorista de conhecimento é consistente

---

[21] Maiores detalhes desses trabalhos estão apresentados nos capítulos IV e V.

com procedimentos de pesquisa que enfatizam o uso de teste e análise estatística, assim como visões epistemológicas que enfatizem a compreensão estarão em harmonia com procedimentos qualitativos que enfatizam as formas como os estudantes pensam e não os resultados obtidos. Tal "sintonia" entre os diversos elementos de uma pesquisa é estendida por nós, para a própria natureza das perguntas feitas, e, como sugerido por eles, para a própria pedagogia que escolhemos para pesquisar.

Assim, cremos que nas pesquisas do GPIMEM as perguntas e metodologias surgem de forma integrada sem ser possível a detecção de uma ordem cronológica. Há, entretanto, uma busca pela coerência: se tivéssemos perguntas que girassem em torno da sentença "a informática melhora o ensino e a aprendizagem da matemática", teríamos que buscar outros tipos de metodologia de pesquisa, evidenciando formas de medir tal melhora, mesmo que no limite pudéssemos utilizar métodos qualitativos. Ao privilegiarmos uma noção de conhecimento baseada na compreensão, as perguntas e os métodos – baseados em filmagem, entrevistas gravadas, experimentos de ensino, onde o pensamento dos estudantes é modelado por pesquisadores que agem como "professores particulares" – se harmonizam e interagem, permitindo que façamos pesquisas de cunho marcadamente epistemológico e outras de cunho tipicamente pedagógico.

Assim, realizamos experimentos de ensino onde é possível se pensar como o conhecimento é produzido quando diferentes mídias são utilizadas. Em tais pesquisas, as propostas pedagógicas, que são desenvolvidas para esses experimentos e/ou para a sala de aula, são postas também como objeto de investigação e são reformuladas de forma constante. Por outro lado, essas propostas são investigadas em sala de aula, ao lado de propostas mais abertas, como as ligadas à modelagem, onde uma sequência didática é substituída por uma ordem que tem forte influência do interesse dos alunos. Em ambos os casos, o papel das diversas tecnologias é discutido.

Ao analisarmos os dados, a noção de seres-humanos-commídias passa a ter para muitos de nós papel importante também na medida em que buscamos detectar manifestações das mídias consideradas relevantes para um dado coletivo pensante em determinado momento. Desse modo, em uma dada pesquisa, mostramos como a calculadora gráfica se torna imperativa para que uma determinada conjectura seja desenvolvida por um coletivo seres-humanos-com-tecnologia. Ou, alternativamente, argumentamos que o uso da Internet foi apenas marginal e não teve participação efetiva em um dado episódio, visto que facilmente poderíamos pensar a sua existência sem essa mídia.

É dessa forma que entendemos que uma perspectiva teórica, como a aqui esboçada, pode se tornar importante para aqueles que querem fazer pesquisa, visto que devem buscar a ressonância discutida para que não tenham uma pesquisa incoerente. Também é importante para aqueles que estejam mais voltados para o cotidiano da prática escolar. Esses estudos teóricos podem servir de orientação para que o computador não seja utilizado somente como um instrumento para melhorar o resultado em um dado teste nacional, regional ou local. É preciso que a chegada de uma mídia qualitativamente diferente, como a informática, contribua para modificar as práticas do ensino tradicional vigentes.

Agora que apresentamos uma perspectiva teórica que auxilia na compreensão dos capítulos anteriores, discutiremos, no próximo capítulo, um elemento fundamental para a implementação da informática nas escolas: os professores. Sem uma discussão sobre como os professores podem utilizar a informática, e o que isso demanda para seu trabalho, os computadores estarão fadados a ficar empoeirados em uma sala da escola.

Capítulo IV

Implicações para a prática docente

No capítulo três discutimos diferentes iniciativas de implementação da tecnologia informática (TI) na escola. Este capítulo será dedicado às implicações do uso desta tecnologia na prática docente e a possíveis formas de se estabelecer um suporte para a expansão desse uso.

No final da década de 70, quando teve início a discussão sobre o uso de tecnologia informática na educação, imaginava-se que uma das implicações de sua inserção nas escolas seria o desemprego de professores. Muitos deles temiam ser substituídos pela máquina – a máquina de ensinar, como era conhecida. Esse medo relacionava-se ao fenômeno do desemprego em diversos setores da sociedade devido ao avanço do uso de tecnologia informática. Muitos funcionários eram (e ainda são) demitidos quando as indústrias e outros setores da economia passavam a utilizar máquinas computadorizadas nos setores de produção e administração. Isso porque essas máquinas realizam a tarefa de vários empregados, com economia de tempo e dinheiro.

Com o passar do tempo, os diversos estudos e experiências acumuladas mostraram que o fenômeno da substituição do professor na área educacional não era algo com que se preocupar. Muito pelo contrário, a maioria desses estudos reservava um papel de destaque para o professor em ambientes informáticos. Assim, desaparecia o "fantasma" da substituição do professor pela máquina.

Porém, a ameaça anterior cede lugar ao desconforto gerado pela percepção de que assumir esse papel de destaque significava ter que lidar com mudanças, ou seja, começa-se a perceber que a prática docente, como tradicionalmente vinha sendo desenvolvida, não poderia ficar imune à presença da tecnologia informática.

Na verdade, as inovações educacionais, em sua grande maioria, pressupõem mudança na prática docente, não sendo uma exigência exclusiva daquelas que envolvem o uso de tecnologia informática. A docência, independentemente do uso de TI, é uma profissão complexa. Nela estão envolvidas as propostas pedagógicas, os recursos técnicos, as peculiaridades da disciplina que se ensina, as leis que estruturam o funcionamento da escola, os alunos, seus pais, a direção, a supervisão, os educadores de professores, os colegas professores, os pesquisadores, entre outros.

A natureza da prática do professor depende muito da forma como ele relaciona todos esses elementos. Ele pode lançar mão de alguns deles e não dar importância para outros. Dessa escolha vão depender os diferentes caminhos para a organização de ambientes de aprendizagem e, consequentemente, a qualidade desses ambientes.

Alguns professores procuram caminhar numa *zona de conforto* onde quase tudo é conhecido, previsível e controlável. Conforto aqui está sendo utilizado no sentido de pouco movimento. Mesmo insatisfeitos, e em geral os professores se sentem assim, eles não se movimentam em direção a um território desconhecido. Muitos reconhecem que a forma como estão atuando não favorece a aprendizagem dos alunos e possuem um discurso que indica que gostariam que fosse diferente. Porém, no nível de sua prática, não conseguem se movimentar para mudar aquilo que não os agrada. Acabam cristalizando sua prática numa zona dessa natureza e nunca buscam caminhos que podem gerar a incertezas e imprevisibilidade. Esses professores nunca avançam para o que chamamos de uma *zona de risco,* na qual é preciso avaliar constantemente as consequências das ações propostas.

São várias as opções que podem levar um professor a enfrentar situações dessa natureza. Nós queremos dar destaque aqui para o uso de tecnologia informática como uma dessas situações de risco.

No que segue, estaremos discutindo com detalhes a natureza desses riscos e possíveis reações dos professores.

Zona de risco

Dentre as diferentes características que uma zona de risco possa ter, discutiremos aqui aquelas ligadas ao risco de perda de controle e obsolescência.

Perda de controle aparece principalmente em decorrência de problemas técnicos e da diversidade de caminhos e dúvidas que surgem quando os alunos trabalham com um computador.

Os problemas técnicos podem obstruir completamente uma atividade. Por exemplo, um professor corre o risco de ter que alterar todos os seus planos quando se depara com o fato de que a configuração das máquinas que possibilitaria a execução das atividades foi completamente alterada pela turma que usou a sala de informática antes dele. O professor geralmente necessita do auxílio de alguém para configurar a máquina e instalar *softwares* e o tempo é muito curto para que as providências sejam tomadas no momento da aula. Sabemos que são poucas as escolas que possuem um técnico para cuidar da sala de informática e garantir condições de trabalho.

Quando tudo vai bem com a parte técnica e o professor consegue desenvolver sua aula, surgem as perguntas imprevisíveis. Por mais que o professor seja experiente, é sempre possível que uma nova combinação de apertar de teclas e comandos leve a uma situação nova que, por vezes, requer um tempo mais longo para análise e compreensão. Muitas dessas situações necessitam de exploração cuidadosa ou até mesmo de discussão com outras pessoas. Isso, porque, diferentemente do que muita gente pensa, o computador nem sempre nos responde de forma explícita. Muitas vezes ele atua como um oráculo.[22] Na mitologia, um oráculo é uma divindade à qual nos dirigimos para nos aconselharmos sobre uma decisão a tomar. Ao fazermos uma pergunta para um oráculo,

---

[22] Expressão usada pelo professor Aury de Sá Leite, UNESP, Campus de Guaratinguetá, SP.

ele nos responde com uma charada ou desafio. O entendimento se dará na medida em que tentarmos decifrar a resposta dada pelo oráculo. Algo similar acontece na interação com o computador. Nem sempre é possível conhecer de antemão as possíveis respostas que aparecem na tela. É preciso entender as relações que estão sendo estabelecidas pelo *software*. Numa sala de aula, isso constitui um ambiente de aprendizagem tanto para o aluno quanto para o professor. Veja a seguir um exemplo de uma dessas situações imprevisíveis.

Um grupo de alunos está explorando funções trigonométricas num *software* gráfico e conclui que o gráfico da função tangente tem o seguinte formato:

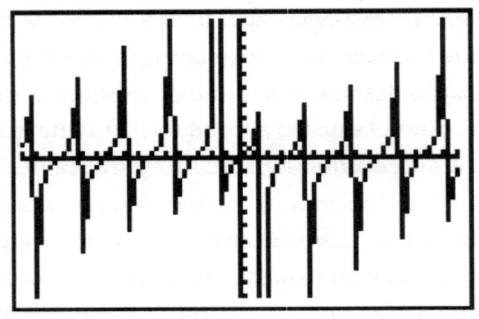

Essa conclusão baseia-se na imagem mostrada na tela do computador. Sem discussão todos se convencem de que este é o gráfico da função tangente. Mas, como vemos na figura, existem retas verticais ligando nos pontos x $=\pi/2$, x $= 3\pi/2$, etc. São as assíntotas e, aqui, elas aparecem conectadas aos pontos do gráfico. A professora sabe que não é assim que acontece na matemática que ela sempre ensinou. As assíntotas servem para direcionar o gráfico na vizinhança de um certo ponto e elas não devem estar conectadas aos pontos do gráfico. A professora se mostra surpresa com o que vê na tela do computador. Não era isso que esperava como resposta. O que estaria acontecendo? Isso nunca havia acontecido antes com ela. Fica paralisada por um certo tempo com os seguintes pensamentos: Como dizer que a máquina errou? Mas a máquina não erra. Não posso dizer para os alunos que está errado sem ter uma explicação para isso. Mas também não posso deixar que acreditem que este é o gráfico da função tangente. Não posso simplesmente admitir, de maneira apressada, que a tecnologia está possibilitando novas formas de pensar o gráfico da tangente.

Ela não quer que os alunos se convençam daquilo. Mas não basta dizer simplesmente que está errado. Eles dirão que foi o computador que fez assim. E a imagem fornecida pelo computador tem um poder muito grande de convencimento. Para refutá-la é preciso uma discussão detalhada.

Diante de todo esse constrangimento, a professora decide por fazer, com a classe toda, uma análise do gráfico apresentado pelo grupo. Eles chegam à conclusão de que não faz sentido um traço vertical como aquele passando por $x = \pi/2$. A função não está definida neste valor. A partir dessa discussão, os alunos se convencem de que algo está errado com aquela imagem, mas permanece a dúvida sobre o porquê disso.

A professora também não sabe a resposta. Ela não tem outra saída a não ser dizer que é preciso investigar o que está acontecendo. Lança o problema para a classe e todos se comprometem a investigar. Assim que termina a aula, ela telefona para sua colega que é mais experiente no uso desses *softwares* e relata o acontecido. Com a colega consegue a explicação. Esse tipo de ocorrência se dá por conta da configuração do *software*. Ele está configurado para plotar os pontos e conectá-los por segmentos de retas. A colega chama a atenção para o fato de que o computador trabalha com valores discretos e, assim, conecta um ponto (x,y) do gráfico da tangente com x na vizinhança de $\pi/2$ pela esquerda com um ponto (x,y) do gráfico da tangente com x na vizinhança de $\pi/2$ pela direita.

Embora não muito segura, a professora trouxe essa explicação para a classe e procurou explorar outras situações para comparar gráficos em que os pontos estavam plotados com ou sem conexão entre eles. A partir desta discussão eles percebem que muitas surpresas podem surgir devido à configuração da máquina. Na verdade, a configuração da máquina, e também a própria estrutura do *software*, sempre pode favorecer o surgimento de situações imprevisíveis. Veja abaixo um outro exemplo de situação que paralisa o professor.

O professor pediu aos alunos que verificassem certos passos para a construção de uma elipse ou hipérbole no *software* de geometria dinâmica, *Geometricks*, seguindo a orientação abaixo:

> Trace uma circunferência de centro O.
> Fixe um ponto Q sobre essa circunferência.
> Trace a mediatriz m entre Q e P, onde P é um ponto livre no interior da circunferência.
> Trace o segmento OQ. Determine a interseção I, entre o segmento OQ e a mediatriz m.
> Trace o lugar geométrico do ponto I quando Q se move sobre a circunferência.

Na figura abaixo podemos observar que o lugar geométrico obtido é uma elipse, quando o ponto é arrastado sobre a circunferência.

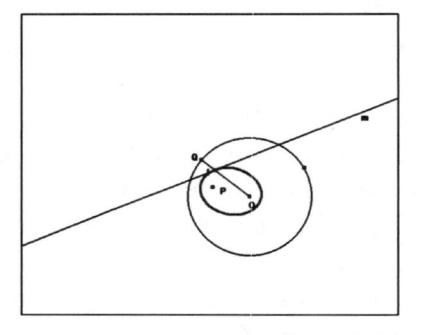

Após isso, o professor solicita que os alunos verifiquem o que acontece, se o ponto P estiver no exterior da circunferência.

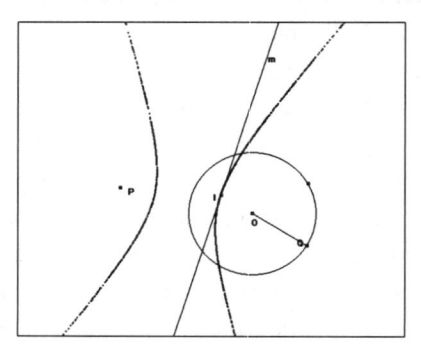

A figura nos mostra que, neste caso, o lugar geométrico é uma hipérbole.

Os alunos se convencem desses dois casos e são estimulados pelo professor a dar uma justificativa matemática do porquê dessas construções fornecerem a elipse e a hipérbole. Para isso, eles teriam que recorrer à definição de elipse e hipérbole, usualmente presente nos cursos de geometria analítica.

Até então a aula transcorre sem nenhuma surpresa. Mas, de repente, uma aluna solicita a presença do professor para mostrar uma imagem que não era nem uma hipérbole nem uma parábola. Ela fixou o ponto P sobre o segmento OQ, moveu Q sobre a circunferência e obteve a figura abaixo.

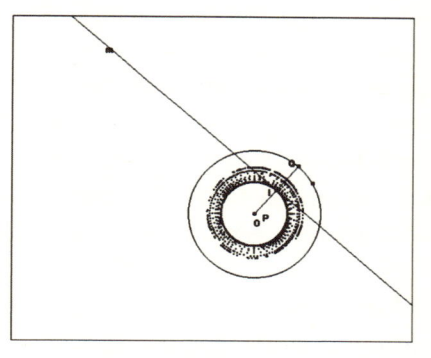

Diante desta figura o professor fica paralisado. O que é isso? Por que está acontecendo dessa forma? Por que circunferência? E por que várias delas? Ele pensa. Não tem uma resposta imediata. Senta-se junto à aluna, arrasta alguns pontos na tela. Observa. Pede a ela para explicar novamente a construção. Coloca o problema para a classe toda. Alguns se entusiasmam e começam a investigar. O tempo de aula é curto e nem todos estão envolvidos com a situação. Afasta-se da aluna e diz que precisa de mais tempo e calma para pensar. O professor precisa atender a outros grupos de alunos. Ele comenta que se trata de algo que nunca acontecera anteriormente ao desenvolver essa mesma atividade.

Da mesma forma que no exemplo anterior, o professor deixa a aula com aquela inquietação. Logo que consegue um tempo livre, senta-se diante de um computador para investigar aquela construção.

Percebe que, ao fixar o ponto P sobre o segmento OQ, o ponto P se movimentará ao redor de O quando o ponto Q for arrastado. Assim, I também se movimentará ao redor de O a uma distância fixa.

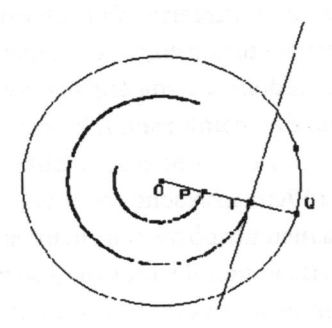

Desse modo, o lugar geométrico de I, quando Q se movimenta, será uma circunferência. Isso explica o fato de não ter sido uma elipse. Mas, ainda assim, a imagem mostrava várias circunferências concêntricas. O que estaria acontecendo? Foi necessário mais tempo de exploração, arrastando os pontos na tela, para que o professor percebesse que, ao arrastar o ponto Q, o ponto P se movimentava ao redor de O, mas não necessariamente mantendo a sua distância do ponto O.

Fazendo a mesma construção em outros *softwares* de geometria dinâmica, o professor observou que isso nem sempre acontecia, ou seja, havia casos em que a distância entre P e O se mantinha fixa e a figura obtida era uma única circunferência. Ele concluiu que o design do *software* estava interferindo no resultado apresentado.

Os dois exemplos apresentados ilustram o fato de que, ao adentrarmos um ambiente informático, temos que nos disponibilizar a lidar com situações imprevisíveis. Algumas delas envolvem uma familiaridade maior com o *software* enquanto outras podem estar relacionadas com o conteúdo matemático, como foi o caso da justificativa do aparecimento de uma circunferência, quando o ponto P, no segundo exemplo, foi fixado sobre o segmento OQ.

Além de situações dessa natureza, o professor tem também que atualizar constantemente o seu vocabulário sobre computadores e *softwares*. As novidades nesta área surgem num ritmo muito veloz. Trazer uma mídia informática para a sala de aula significa abrir a possibilidade dos alunos falarem sobre suas experiências e curiosidades nesta área. Vemos alunos falando sobre o que viram na casa do tio, ou na empresa do pai. Novos termos, novas expressões. Perguntas sobre outros *softwares* que possam estar utilizando para isso ou aquilo. O professor muitas vezes não consegue acompanhar essa discussão e se vê diante da necessidade de conhecer mais sobre o tema. E conhecer, nessa área de informática, significa uma atualização constante. Não existe forma de "suprir" isso de uma vez e ficar tranquilo por algum período. Em outras palavras, não é possível manter-se numa zona de risco sem se movimentar em busca de novos conhecimentos.

Além desses aspectos, temos que enfrentar também as limitações das salas ambientes de informática. Se o espaço físico não comporta todos os alunos, temos que dividir a classe, desenvolver a mesma atividade para diferentes turmas. Quanto tempo levará para atender a classe toda? Como é possível reorganizar o planejamento? Isso trará algum prejuízo? Quais os perigos de deixar alguns alunos sozinhos na sala de aula enquanto o professor orienta as atividades na sala de informática, ou vice-versa? Onde colocar os computadores: um em cada sala de aula ou todos agrupados numa única sala? Como as diferentes formas de organização do espaço físico influenciarão na prática pedagógica? São decisões difíceis e cada escola vai encontrar a sua maneira de enfrentar esses riscos relacionados à organização do espaço físico.

E as outras mídias mais tradicionais? Por exemplo, o lápis, o papel, o giz colorido, o carimbo. Elas devem ser usadas? A cada novo recurso computacional, mais nos questionamos sobre o valor dessas mídias. Elas estão obsoletas? Como integrar diferentes mídias nas atividades pedagógicas?

Aqui vale observarmos o fato de que lançar mão do uso de tecnologia informática não significa necessariamente abandonar as outras tecnologias. É preciso avaliar o que queremos enfatizar e qual a mídia mais adequada para atender o nosso propósito.

Quando decidimos que a tecnologia informática vai ser incorporada em nossa prática, temos que, necessariamente, rever a relevância da utilização de tudo o mais que se encontra disponível. Certamente, ao fazermos nossas opções, corremos o risco de deixar de lado certas coisas que julgávamos importante. Mas, aqui, novamente, é preciso considerar qual é o objetivo da atividade que queremos realizar e saber se ela não pode ser desenvolvida com maior qualidade pelo uso, por exemplo, de um *software* específico. Não significa que vamos abandonar as outras mídias, mas temos que refletir sobre sua adequação.

Da mesma forma, existe também o risco de que o conhecimento que o professor possui da disciplina se torne obsoleto. Aqui nos referimos, por exemplo, à Matemática, Português, Ciências, Artes etc. À medida que a tecnologia informática se desenvolve, nos deparamos com a necessidade de atualização de nossos conhecimentos sobre o conteúdo ao qual ela está sendo integrada. Ao utilizar uma calculadora ou um computador, um professor de matemática pode se deparar com a necessidade de expandir muitas de suas ideias matemáticas e também buscar novas opções de trabalho com os alunos. Além disso, a inserção de TI no ambiente escolar tem sido vista como um potencializador das ideias de se quebrar a hegemonia das disciplinas e impulsionar a interdisciplinaridade. Por exemplo, existem trabalhos que envolvem *softwares* de geometria dinâmica para explorar a pavimentação do plano integrando ideias matemáticas e artísticas.[23] Trabalhos em modelagem matemática integrando biologia, matemática, física, história e geografia.[24]

Diante de tudo isso, o professor é desafiado constantemente a rever e ampliar seu conhecimento. Quanto mais ele se insere no mundo da informática, mais ele corre o risco de se deparar com uma situação matemática, por exemplo, que não lhe é familiar. Mais uma vez, é importante salientarmos que isso não é exclusividade da informática. Porém, o processo de integração do computador à prática docente, pela complexidade que apresenta, pode suscitar reflexões de natureza diversa. Por exemplo, o professor pode se dar

---

[23] Por exemplo, os trabalhos de Barbosa & Murari (1998) e Martins, Murari e Almeida (2000).
[24] Os trabalhos de Marcelo Borba.

conta de que não consegue ser aquele que possui todo o conhecimento necessário para trabalhar com os alunos.

Ao refletir sobre as dificuldades e obstáculos que encontra, ele pode vir a perceber que a escola, sobretudo a sala de aula, não é a fonte exclusiva de informações para os alunos. Atualmente as informações podem ser obtidas nos mais variados lugares. Porém, sabemos que informação não é tudo, é preciso um espaço no qual elas sejam organizadas e discutidas. A escola pode ser esse tal espaço. Um espaço pensado como se fosse uma "mesa"[25] onde alunos e professores se sentam para compartilhar as diferentes informações e experiências vividas, gerar e disseminar novos conhecimentos. O professor pode vir a perceber que cabe a ele compartilhar com seus alunos a responsabilidade pela organização dessa mesa de modo a constituí-la num ambiente de aprendizagem e geração de novos conhecimentos.

Até aqui estivemos falando sobre as características de uma zona de risco, a seguir iremos tecer considerações sobre a reação dos professores quando caminham em direção ao uso da tecnologia informática.

Reação dos professores diante dos riscos

Muitos professores desistem quando percebem a dimensão da zona de risco. Evitam qualquer tentativa nesse sentido. Muitas vezes assumem e justificam essa postura baseados ou no fato de que acham que computadores não são para escola, ou que não estão preparados e não encontram condições de trabalho na escola.

Há, ainda, aqueles que não desistem, mas insistem em enquadrar a tecnologia em rotinas previamente estabelecidas. Eles buscam um roteiro bem específico de como proceder diante de cada situação a ser enfrentada. Evitam dar "voz" à tecnologia e não fazem qualquer revisão do que vêm utilizando para desenvolver sua prática.

Outros, porém, procuram avançar nesta área de indeterminação, usando de ousadia e flexibilidade para reorganizar as atividades na

---

[25] Metáfora utilizada por Babin & Kouloumdjian, 1989.

medida do necessário. Mudam as rotinas e, antes de tudo, abrem-se para um processo de negociação com os alunos e com outros que atuam no cenário escolar.

Parece-nos que, ao caminhar em direção à zona de risco, o professor pode usufruir o potencial que a tecnologia informática tem a oferecer para aperfeiçoar sua prática profissional. Aspectos como incerteza e imprevisibilidade, geradas num ambiente informatizado, podem ser vistos como possibilidades para desenvolvimento: desenvolvimento do aluno, desenvolvimento do professor, desenvolvimento das situações de ensino e aprendizagem.

É difícil negar o potencial que uma zona de risco tem de provocar mudanças e impulsionar desenvolvimento. Porém, esse é um caminho árduo para o professor. Parece mais fácil tentar enquadrar a TI em velhas rotinas. Mas será que não há como enfrentar essas dificuldades?

Os estudos mais recentes têm afirmado que, sozinho, o professor avançará pouco nessa direção. É necessário encontrar formas de oferecer um suporte constante para o trabalho do professor. Como resposta a essa demanda, diversos grupos que trabalham na área de informática educativa vêm desenvolvendo ações que visam à prática do professor com uso de tecnologia na escola. Nesse sentido, podemos citar o *ProInfo* no Brasil e o Enlaces no Chile. Ou, ainda, iniciativas mais restritas a uma determinada região ou estado como as realizadas pelas Secretarias Estaduais de Educação e pelos grupos ligados às universidades. Um caso desse tipo de suporte que queremos apresentar com maiores detalhes aqui é a *Rede Interlink*.

Rede Interlink[26]

Trata-se de uma iniciativa do GPIMEM da Unesp-Rio Claro, grupo ao qual estamos vinculados. A constituição dessa Rede é uma forma de promover a integração de professores e pesquisadores para organizar e desenvolver atividades para a sala de aula

---

[26] htpp://www.rc.unesp.br/igce/matematica/interlk.

com os recursos da tecnologia informática. No momento, essa rede conta com a participação de professores de seis escolas da região de Rio Claro-SP. Semanalmente, a coordenadora[27] da atividade, juntamente com futuros professores e estudantes de mestrado em Educação Matemática da UNESP – Rio Claro, reúne-se com os professores de Matemática em suas respectivas escolas. Essas reuniões acontecem durante o horário de trabalho pedagógico coletivo (HTPC), que é um tempo dentro da jornada de trabalho do professor que deve ser destinado ao estudo e planejamento de sua prática.

É nesse horário semanal que os professores exploram *softwares* para o ensino de Matemática, bem como discutem atividades em que esses programas possam ser utilizados com os alunos. Incluem-se aqui atividades com calculadoras simples e gráficas. Também nesse horário, os professores compartilham suas dúvidas, angústias e possíveis alternativas para os problemas que enfrentam com o uso de TI na sala de aula. É um momento de reflexão e ação.

Além dos encontros presenciais, há um canal para comunicação virtual em tempo real que acontece com recursos da Internet, uma lista de discussão via *e-mail* e uma página na Internet onde o trabalho da Rede é disseminado.

Uma primeira análise das atividades da *Rede Interlink* a revela como um suporte essencial para os professores. Desde suporte para introdução à informática básica, considerando que muitos não possuíam nenhuma familiaridade com computadores, até um espaço de aperfeiçoamento para aqueles que já estavam frequentando a sala ambiente de informática.

Assim, foi na *Interlink* que os professores difundiram a ideia dos alunos multiplicadores para lidar com a duplicidade de parte do grupo na sala de informática e parte na sala de aula normal. Essa estratégia funciona da seguinte forma: o professor trabalha com cinco alunos na sala de informática. Então ele volta para a sala de aula e esses cinco alunos monitoram o trabalho de outros cinco que assumem a monitoria do próximo grupo, e assim por

---

[27] Miriam Godoy Penteado, coautora deste livro.

diante. Ser ou não aluno multiplicador é uma escolha do aluno e não do professor. É preciso evitar a imposição e/ou o privilégio. Essa ideia e a forma de implementá-la está, constantemente, sendo discutida na Rede. Entre outras coisas, é preciso levar em conta a atividade a ser desenvolvida e que tipo de tarefa será delegada ao aluno-multiplicador.

A *Interlink* também é um espaço onde os professores disseminam o que aprenderam nos cursos oferecidos pela Secretaria da Educação. Por exemplo, uma professora de uma escola fez um curso sobre *Cabri* no núcleo regional de tecnologia educacional de Rio Claro e utilizou várias reuniões da Rede, para desenvolver com as colegas as atividades da apostila que recebeu. Uma outra está fazendo um curso a distância sobre o uso de planilhas eletrônicas na Educação Matemática e compartilha com todos os colegas da Rede as atividades que desenvolve. Da mesma forma, os futuros professores desenvolvem atividades para a sala de aula em conjunto com os professores e, depois, disponibilizam o material na Internet. Quando o professor está muito inseguro para desenvolver alguma atividade com os alunos, ele pode contar com o suporte de alguém da Rede para acompanhá-lo. Em geral, um dos futuros professores. Nesse sentido, a *Rede Interlink* tem sido um espaço de formação para os que nela se engajam.

Além das atividades práticas, temos também a discussão de textos que tratam das tendências em Informática e Educação e sobre sua integração na escola. A Rede é também um espaço para a reflexão sobre as contradições presentes no ambiente escolar e possíveis formas de superá-las.

Mais do que promover o uso de tecnologia em sala de aula, o objetivo da *Rede Interlink* é promover a discussão sobre esse uso. É importante que a opção por utilizar ou não tecnologia seja feita pelo professor com base em seu próprio conhecimento. E esse conhecimento, conforme já mencionado nos parágrafos anteriores, será construído a partir do pensar e agir coletivos.

Embora existam muitos pontos positivos a serem destacados, é importante lembrar que o engajamento de professores em atividades dessa natureza tem, ainda, um caráter de experimentação e novidade. Como é natural de acontecer, alguns professores são mais engajados que outros e estimulam o trabalho do grupo de sua escola. Há inclusive professores do *Interlink* que já assumem cursos sobre informática educativa na Secretaria Estadual de Educação. Mas, de uma forma geral, o engajamento dos professores está, ainda, muito dependente da coordenadora da Rede. Um exemplo é que, em algumas escolas, nas reuniões em que a coordenadora não está presente, os professores usam o tempo da HTPC para o preenchimento de formulários e o atendimento de solicitações burocráticas feitas pela coordenação. Reconhecemos que é preciso tempo e um maior comprometimento dos próprios professores e da coordenação da escola para que ocorram mudanças significativas na prática de sala de aula.

Há também a dificuldade da comunicação eletrônica. São poucos os que podem acessar a Internet, quer na escola, quer em casa. Entretanto, já está havendo uma melhoria dos equipamentos e há o compromisso do governo de disponibilizar Internet 24 horas para as escolas. Para que esses equipamentos sejam utilizados, os futuros professores da *Interlink* estão sendo preparados para dar suporte aos professores nessa área. Também tem o fato de que a participação na Rede tem motivado muitos professores para a aquisição de seu computador pessoal. Isso não é imediato. Temos o caso de uma professora que, somente após um ano de trabalho conosco, passou a utilizar mais o seu computador pessoal e a ler e responder algumas mensagens da lista eletrônica. Outras só leem, mas não se manifestam.

Essa análise inicial nos mostra que o trabalho coletivo, embora tenha um horário oficialmente destinado a ele na escola, é muito difícil de ser realizado. Por outro lado, sabemos que o trabalho individual contribui para que os professores não saiam da zona de conforto. O trabalho individual estimula a estagnação. É o pensar e agir coletivo que poderão impulsionar e manter o professor numa zona de risco de forma que ele possa usufruir o seu potencial de desenvolvimento. Acreditamos que o engajamento de professores em redes de trabalho é uma possibilidade de expandir essa forma de agir e pensar e, consequentemente, provocar mudanças na educação escolar.

Capítulo V

Interação a Distância

Nos capítulos anteriores discutimos programas institucionais ligados à informática educativa, a maneira como entendemos a produção de conhecimento na sala de aula, questões teóricas relativas às mídias e o impacto da informática junto aos professores. Neste capítulo vamos tratar de uma característica da tecnologia, a possibilidade de comunicação, que está superando ou, no mínimo, se igualando a outras características dessa mídia. O aspecto comunicacional das mídias informáticas, materializada pela Internet, amplia em muito o campo de possibilidades já aberto por outros aspectos da informática. Ela pode ser um exemplo de como que a informática muda de característica quando novas interfaces são acopladas à estrutura já existente. No momento em que o computador começou a ser pensado como meio de comunicação, foi sendo consagrada aos poucos a denominação NTIC (Novas Tecnologias de Informação e Comunicação), enfatizando a possibilidade de comunicação com essas novas mídias. Embora o aspecto relativo à comunicação já exista desde a década de 80, com redes como a *bitnet*, é somente em meados da década de 90 que várias redes são conectadas, e que novas interfaces são desenvolvidas.

O que conhecemos hoje como Internet engloba interfaces como *e-mail, www, chat*, entre outras. Dentre essas, o *e-mail* e o *chat* têm sido as mais populares. Na comunidade acadêmica, além do uso pessoal, é crescente a quantidade de professores e alunos que utilizam esse meio para fins didáticos. Por exemplo, os alunos do curso de Biologia que fazem a disciplina Matemática Aplicada, com um dos autores deste livro, utilizam o *e-mail* como forma de relatar para o professor o andamento dos projetos que estão desenvolvendo. Em nosso grupo de pesquisa, essa prática também já é rotineira. Embora a maioria resida em Rio Claro e frequente a universidade diariamente, é comum utilizarmos o *e-mail* para tratar de diversos assuntos.

Um outro uso bastante comum tem sido o acesso a *homepages* em busca de informação. Vários de nós já acessaram a *homepage* da SBEM – Sociedade Brasileira de Educação Matemática[28]– para saber sobre um determinado congresso, ou da APM – Associação dos Professores de Matemática de Portugal[29]–, para saber das atividades que os colegas de lá estão desenvolvendo com *softwares* de geometria dinâmica. Você já deve ter acessado a página do GPIMEM[30] para conhecer melhor nossos trabalhos. Vários grupos de alunos do curso de Biologia, mencionado anteriormente, fazem levantamento de dados em *homepages*. Buscam sobre um determinado tema, de forma similar como se faz uma busca em enciclopédias. Com a Internet é como se tivéssemos acesso a inúmeras enciclopédias de uma forma bastante rápida.

Embora o uso de *e-mail* e o acesso a *homepages* tenham sido extremamente empolgantes, existe uma outra face da Internet que tem características cada vez mais relevantes do ponto de vista de uma discussão teórica. Trata-se das listas de discussões. Diversos filósofos têm discutido que a identidade do ser humano passará a se dar menos, às vezes, pelo bairro e cidade onde mora ou profissão que pratica, porém mais pelos grupos de interesse que possui. Assim, os autores desses livros que têm em sua identidade ser professor de Matemática, pertencer ao programa de Pós-Graduação em Educação Matemática, passarão a ter sua identidade cada vez mais ligada a um dado canal de TV a cabo ao qual assistam ou a uma determinada lista de *e-mail* da qual participem.

O funcionamento de uma lista é simples: aquele que se inscrever na lista passará a receber todos os *e-mails* que um participante da lista

---

[28] www.sbem.com.br.

[29] www.apm.pt.

[30] www.rc.unesp.br/igce/pgem/gpimem.html.

envie para ele. Assim, em nosso programa de Pós-Graduação, temos uma lista aberta apenas aos alunos e docentes. Ela funciona como um fórum de discussões sobre questões de interesse dos participantes. A lista da SBEM[31] é uma lista aberta a qualquer interessado e tem despertado bastante interesse entre educadores matemáticos. Um dos problemas com as listas é que, dependendo do tema discutido, o número de *e-mails* cresce muito e congestiona a caixa postal dos participantes. Os membros do GPIMEM participam de listas diferentes e trocam entre si algumas das mensagens mais relevantes. Dessa forma, a lista constitui fóruns de discussão onde os usuários possuem um interesse comum que os identifica e é estruturado de forma a permitir o fazer coletivo, com cada um participando de acordo com seu potencial e seu ritmo.

Diferentemente da lista onde a relação é assíncrona, ou seja, não há de uma maneira geral duas pessoas recebendo e enviando correios eletrônicos ao mesmo tempo, o *chat*, ou sala de bate-papo, é um ambiente virtual compartilhado por várias pessoas em tempo real. Nessas salas os usuários conversam sobre diferentes assuntos. De forma semelhante ao que acontece com a lista, uma sala também pode ser organizada conforme o interesse de um grupo. Mais recentemente, mas ainda com uma tecnologia incipiente para a imensa maioria dos usuários, é possível compartilhar som e imagem nessas salas.

Essas diversas possibilidades da Internet têm sido utilizadas tanto de um modo informal, ampliando a teia de relações de uma pessoa, como de uma forma educativa. Esse modo de comunicação, possibilitado por essa tecnologia, tem permitido novas formas de interação a distância. Isso reativou uma modalidade de educação, aquela feita a distância, que se encontrava em segundo plano, restrita apenas a cursos supletivos realizados via TV e correio. Na próxima seção discutiremos brevemente como a educação a distância se constitui com essas novas possibilidades de comunicação e mostraremos um exemplo relacionado à Educação Matemática.

---

[31] Para inscrever-se, basta enviar uma mensagem para SBEM-L-REQUEST@ms.rc.unesp.br, deixar a linha de assunto em branco e escrever no corpo da mensagem a palavra SUBSCRIBE.

Educação a Distância

As tecnologias da inteligência disponíveis até os anos 1970, em especial a escrita e a imprensa, possibilitavam um tipo de Educação a Distância (EaD) que se baseava no envio de material escrito por um professor ou grupo de professores, reunidos em um dado local, para alunos que se encontravam em outras regiões. Esses alunos faziam as atividades propostas e as enviavam ao professor, que reiniciava um novo ciclo de interações. Já no final da década de 70, mas fundamentalmente nas décadas de 80 e 90, a televisão se une a esse tipo de interação, com professor ou professores falando "diretamente", via TV, para seus alunos. A parte ativa dos alunos era sempre feita após a intervenção do professor, geralmente via escrita, como resposta às atividades ou questões de testes. Nesses modelos de educação a distância, que prevaleceram quando os computadores e interfaces como a *www* não estavam disponíveis, havia sempre uma marca registrada: a relação assíncrona. Em outras palavras, nunca havia uma interação aluno-professor sincronizada, como pode existir na sala de aula, onde a maioria de nós está acostumada a trabalhar. Não é possível nesse tipo de EaD que haja uma interação entre aluno e professor com *feedback* instantâneo entre um e outro. Embora a EaD já seja uma prática bem antiga, veremos que, com as possibilidades oferecidas pelas NTIC, diversas mudanças podem acontecer. Tais mudanças já acontecem nas próprias definições do que vem a ser essa modalidade educacional.

Um passeio pelas diversas definições de EaD (ALONSO, 1999; BELLONI, 1999; NISKIER, 1999) sugere que o parâmetro presente em todas elas é a distância, entendida em termos de espaço. Os parâmetros não comuns dizem respeito à sincronia/assincronia das interações, às tecnologias utilizadas, aos processos organizacionais da aprendizagem e aos modelos comunicacionais e pedagógicos. Entretanto, como já observado anteriormente, foi a Internet a primeira forma mais acessível de se ter uma sincronia nas interações entre alunos e professores em EaD.

A definição de Moore e Kearsley (1996) enfatiza o aspecto da comunicação eletrônica, embora mantenha um aspecto geral:

> [Educação a Distância é] uma aprendizagem planejada que normalmente ocorre em um local diferente do tradicional e como resultado requer projeto de curso e técnicas instrucionais especiais, métodos especiais de comunicação eletrônica e outra tecnologia, bem como sistemas organizacionais e administrativos especiais.

Essa é a definição que abraçamos, por sua abrangência, e também por sua especificidade; por sua elasticidade, mas também devido ao nosso interesse pela comunicação via Internet.

Como no caso de qualquer interação, a que ocorre na EaD depende da forma como a comunicação é mediatizada. Na educação presencial, se considerarmos as ideias de Levy, a oralidade é a mídia predominante na interação entre professor e alunos. A diferença, de ordem qualitativa, pode ficar por conta de que a EaD depende mais da combinação de diferentes meios.

Numa interação, por exemplo, via Internet, onde já é possível integrar vídeo e áudio, a oralidade e a escrita desempenharão papéis importantes. Na comunicação realizada via NTIC – a interação principal se dá através de uma nova forma de escrita que surge dos *chats*, *e-mails* etc... Assim, como será notado no exemplo discutido a seguir, essa nova forma de escrita será uma característica marcante das práticas de EaD.

Neste capítulo iniciamos uma discussão sobre como a EaD, permeada por NTIC, pode transformar práticas em Educação Matemática gerando uma forma do que Levy (1999) denominou inteligência coletiva, conforme discutido no capítulo quatro. Em outras palavras, é possível que, superando a distância física, seja constituída uma comunidade que pensa determinados problemas coletivamente. É uma comunidade de seres-humanos-com-mídias que não divide um mesmo espaço físico como nas comunidades que usualmente falamos.

Há de se notar que nem todos os cursos de EaD utilizam a Internet para estimular a formação dessa comunidade. Muitos a utilizam apenas como banco de dados, não existindo, praticamente, nenhuma relação síncrona. Há aparentemente dois motivos para que isso aconteça. O primeiro é que parece haver um subestimar da importância desse tipo de interação. Não há nesse uso da Internet uma ênfase na relação dialógica, que para nós é fundamental. Entendemos que em ambas as modalidades de educação a experiência do educando e a possibilidade de troca devem ser valorizadas sempre que possível.

Um segundo motivo tem a ver com o objetivo desses cursos. Uma análise de cursos oferecidos em diversas áreas, não apenas em Matemática, mostra que se torna de fato inviável o estabelecimento de relação síncrona em cursos onde o fator comercial é preponderante. Assim, em um curso de redação, com relação de 200 alunos para cada professor que opera "do outro lado" na correção de exercícios, é muito difícil oferecer a possibilidade de relações síncronas que envolvam professores e estudantes. No máximo, pode-se estimular que interações dessa natureza sejam feitas por alunos, ou grupos de alunos.

Há também outros projetos que, por exemplo, utilizando recursos da inteligência artificial, mantêm um banco de respostas armazenado na Internet, permitindo a interação ser-humano-máquina-designer de forma síncrona. Existe também o modelo em que o professor só interage com o aluno quando a resposta dada pela máquina não for satisfatória. Nesse tipo de design, a "máquina" tenta responder e interagir com o aluno e, se a resposta não for aceita, há então a possibilidade de interação síncrona ou assíncrona com um ser humano, mediado por máquinas, ou seja, por um outro sistema ser-humano-computador. Essas tentativas – assim como aquelas ligadas a videoconferência, onde há relação síncrona via computador acoplado com uma câmera – tentam trazer um grau de interatividade, de relação síncrona, para públicos maiores. Até o momento, essas tentativas têm sido limitadas devido ao alto financiamento necessário para que sejam postas em prática.

O modelo do curso a distância *"Tendências em Educação Matemática"*

Desde o final do ano de 1997 o GPIMEM tem feito pesquisas em livros, periódicos e *homepages* sobre um modelo de EaD que ao mesmo tempo contemple parte de nossas preocupações pedagógicas ligadas à dialogicidade, ao custo e os recursos técnicos disponíveis no campus de Rio Claro da UNESP. Estávamos preocupados com a questão custo tanto do ponto de vista dos organizadores quanto do ponto de vista dos participantes de cursos ou atividades educacionais a distância.

Finalmente se chegou a um modelo de curso no início de 1999. Tal estrutura foi testada e aperfeiçoada durante o ano de 1999 e foi posta em prática em 2000 e, novamente, em 2001. A proposta "tecnico-pedagógica" foi desenvolvida por três membros do GPI-MEM: Marcelo Borba, Telma Gracias e Geraldo Lima.

O curso de extensão a distância "Tendências em Educação Matemática" foi oferecido pelo IGCE-UNESP, Rio Claro-SP, com carga horária de 36 horas, no ano de 2000. Ele foi ministrado pelo primeiro autor deste livro, que já ministrou curso presencial com ementas semelhantes diversas vezes, não como curso de extensão, e sim como disciplina regular do curso de Pós-Graduação em Educação Matemática da UNESP. Esse curso teve a participação ativa das três pessoas citadas acima que, respectivamente, trabalhavam em atividades de pesquisa e apoio técnico. O objetivo do curso foi capacitar os estudantes-professores a discutir criticamente diversas tendências em Educação Matemática e habilitá-los a entenderem, de forma inicial, o que é pesquisa em Educação Matemática. Participaram do curso 20 graduados em Matemática. Todos foram avisados que duas pesquisas estavam sendo realizadas ao longo do curso, uma pelo professor e outra por Telma Gracias.[32]

Ao longo da organização do curso algumas questões surgiram: o que significa estabelecer uma carga horária para um curso dessa natureza? Ele era parte da estrutura de cursos da UNESP? De que forma o professor já tinha ministrado esse curso se esse era o primeiro a ser oferecido? Antes de aprofundarmos na discussão dessas perguntas, vamos avançar em nossa descrição do curso "Tendências em Educação Matemática".

Chat, lista de discussão, *e-mail* e *homepage* foram utilizados como mediadores. A organização temporal, conforme sugerido anteriormente, envolveu interações síncronas e assíncronas. As interações síncronas se deram semanalmente durante três horas em horários predeterminados, quando professor e estudantes discutiam os textos

---

[32] Doutoranda do Programa de Pós-Graduação em Educação Matemática, Unesp, Rio Claro-SP.

on-line, em tempo real, via *chat*. As interações assíncronas aconteciam através de discussões via lista e *e-mail*. Houve também uma *home-page* que desempenhou o papel de mural do curso, onde sínteses das aulas, referências bibliográficas, fotos e outras informações sobre os participantes do curso foram expostas para os que tinham acesso à página. A partir dessa descrição inicial do curso já podemos lidar com a primeira pergunta levantada por nós. Decidimos que a carga horária a ser considerada seria aquela relativa às relações síncronas do curso. Assim, de maneira semelhante a um curso presencial, utilizamos as 36 horas de *chat*, ou da sala de conversa virtual, como base para a definição do que seria a carga horária oficial do curso.

A questão pode parecer simples, mas se torna complexa quando se trata de oferecer um curso formal a partir de uma instituição como a UNESP. Diversos setores administrativos da Universidade tiveram dificuldade de lidar com questões relativas ao cotidiano de disciplinas presenciais: convencer que o certificado do curso deveria ser enviado pelo correio, visto que não fazia sentido exigir a retirada presencial do documento e fazer chamada virtualmente, através da "presença" utilizando "a conexão do participante na sala do *chat*", não foram tarefas simples. Foi também devido a questões como essas que decidimos oferecer essa possibilidade de EaD, como curso de extensão, visto que essa modalidade de curso é bem mais flexível do que, por exemplo, uma disciplina de Pós-Graduação *stricto sensu*, que está sujeita a regulamentações do conselho de Curso, da UNESP e mais recentemente da CAPES.

Além dos fatores anteriormente mencionados, entendíamos que a disciplina não deveria ser ministrada como disciplina regular da Pós-Graduação em um primeiro momento, já que o desenvolvimento de tal atividade envolvia diversos fatores de instabilidade, como, por exemplo, a inexperiência docente em EaD e a possibilidade de problemas técnicos que a inviabilizassem. Assim, realizamos um curso de extensão e duas pesquisas uma focando em aspectos institucionais do curso a distância e outra em novas demandas sociocognitivas dos participantes do curso.

Esse curso, então, distinguia-se tanto da disciplina oferecida usualmente na UNESP, como de outros cursos de extensão.

Mas diferente em que sentido? Em nosso entender há várias diferenças. Vamos aqui, entretanto, lidar com apenas duas delas.

A primeira é o aspecto temporalidade. As interações síncronas, via *chat*, onde todos "estão" na mesma sala de bate-papo, correspondem às aulas semanais com horários fixos. Nessas aulas aconteciam as discussões centrais sobre os artigos agendados para aquele dia. As interações assíncronas aconteciam através da lista de discussão e *e-mails*, onde as outras questões, relativas aos textos ou não, eram colocadas para discussão. Isso permite que cada um trabalhe de acordo com sua disponibilidade de horário, utilizando o tempo que quiser para se comunicar com os demais participantes do curso. Esse aspecto não faz parte de cursos estritamente presenciais.

Entretanto, há outro aspecto relativo à temporalidade que está conectada à discussão que foi feita no capítulo quatro, referente à reorganização do pensamento, sugerida por Tikhomirov, e à própria história das tecnologias da inteligência discutida por Levy (1993). Assim, enquanto a oralidade está ligada à forma circular de tempo, com suas estórias e mitos, e a escrita à linearidade, a informática está ligada também a um tempo cheio de interrupções, descontínuo e que ao mesmo tempo é plástico, com possibilidades de correções semelhantes àquelas da oralidade. O pensamento que, então, era moldado por mídias que estavam relacionadas à circularidade e à linearidade, se reorganizam também nesse aspecto, mostrando que as ideias de substituição do ser humano por computador, ou mesmo de apenas uma justaposição entre ambos, não subsiste. Assim, o conhecimento produzido via EaD é também reorganizado nesse aspecto e pode ser visto como um produto de seres-humanos-com-mídias.

Além da temporalidade, há também as mudanças referentes à própria noção de diálogo, que é a segunda característica que iremos discutir. Conforme já enfatizamos, enquanto educadores, buscamos privilegiar o diálogo e estamos sempre atentos às diferentes formas que ele pode ocorrer.

Em diversos estudos a noção de diálogo – baseada no trabalho de Paulo Freire e em autores oriundos da tradição Fenomenológica – tem sido utilizada para enfatizar, por exemplo, que pessoas que desenvolveram matemáticas com entornos culturais distintos

(Etnomatemática) podem se comunicar, e que a educação é sempre, no mínimo, bidirecional e não só flui na direção professor – aluno. Essa noção de diálogo tem sido desenvolvida por filósofos e educadores com base na possibilidade de contato direto, onde as pessoas compartilham o mesmo espaço físico. Porém, isso parece não prevalecer na interação a distância. A análise que fizemos do curso de extensão nos faz perceber indícios de novas formas de diálogo.

Aqui também não vamos pensar se o diálogo exercido por coletivos seres-humanos-com-mídias piorou ou melhorou, mas, sim, em como ele está se transformando, se reorganizando. Quando pensamos em diálogo nas diversas pesquisas realizadas por Freire sobre alfabetização de adultos, ou mesmo nos diversos trabalhos de Etnomatemática que utilizaram essa noção como base para suas investigações, o diálogo sempre ocorria entre o educando e o educador, ou entre dois educandos. Já na sala de papo, temos indícios de que diálogos acontecem de forma multidirecional e simultânea: são diversos diálogos acontecendo ao mesmo tempo.

Vamos apresentar um exemplo que ilustra as questões das mudanças relacionadas ao tempo e ao diálogo. O exemplo é oriundo do curso de extensão a distância. O tema da aula é: novas tecnologias. Para poder realizar a análise que apresentaremos a seguir, foi necessário usar tipos de fontes diferentes para identificar um diálogo, dada a multiplicidade de falas que ocorreram. Há o diálogo sublinhado, o diálogo em itálico etc... Como uma das alunas é da Argentina, há falas em espanhol. Optamos por deixar os erros de digitação e de construção por acharmos que ilustram a informalidade, a pressa e a imprecisão da própria mídia em reproduzir o que é digitado. Em colchetes encontra-se a marcação do tempo, ou seja, [20:36] significa 20 horas e trinta e seis minutos.

[20:36] <u><A> Eu tenho algum receio em usar calculadoras e outras tecnologias pois os alunos fica muito acomodados.</u>
[20:36] <B> *Deu, depende dos projetos que temos, voltamos à questão da aula passada, quais são os problemas que queremos enfrentar?*
[20:36] <C> **Eu também quero o que você prometeu para os colegas.**

[20:36] <D> Eu entendo você F. A minha mensage é que podemos usar as tecnologias sem "pressão psciológica".
Cada coisa no seu luigar.

[D está respondendo à afirmação anterior de F: "antes eu, para
chegar às raízes em uma eq. Do 2 grau, perdia um tempo... hoje eu
coloco a eq. Numa calc, ou num soft, e ele me dá a resposta. Essa
adaptação em causa medo... Deixamos de pensar! Entendeu D?"].

[20:36] <Prof> e que acham que as midias sao agentes tambem. assim digo que essas midias se associam a praticas pedagogicas.
porque eles nao sao seres inatos. e por isso que discutimos
design de *software*.

[20:37] **<E> Pode deixar C...**

[20:37] <F> Concordo com você A.

[20:38] <Prof> Não entendi A!

[20:38] <G> Acomodados. Por quÊ?

[20:38] <Prof> As midias sao tambem agentes, e o conhecimento nao
e apenas expresso pelo meio. as midias sao tambem sujeitas. e
essa a tese que esta no meu artigo, e em varios outros.

[20:38] <H> Este é um outro ponto que agora podemos retornar Prof.
Marcelo, que discute design de *software*.

[20:38] <A> A minha preocupacao e ate onde ir com as mídias?

[20:38] *<C> M, em que isto que você sugeriu vai ajudar em nossa
prática pedagógica?*

[20:38] **<I> E eu também quero.**

[20:38] <F > A minha preocupação é que mídias utilizar?

[20:38] <Prof> Nao entendi A!

[20:38] *<J> B, na minha situação acho que ja nem sei mas o que é
problema enfrentado!*

[20:38] <B> Com relação a este ponto, associação das mídias informáticas às práticas pedagógicas, pareceu-me que a avaliação
das experiencias.

[20:38] **<E> Ok I...**

[20:38] <L> A, concordo com você até carto ponto porém, se você
preparar uma aula específica para o uso da calculadora, uma
aula bem envolvente, os alunos vão perceber a do seu uso
devidamente.

[20:39] <N> Sig. que mesmo usando as midias sozinho estou aprendendo.

[20:39] <B> feita no grupo de trabalho (H e B) foram sempre muito favoráveis...

[20:40] <C> Eu também não entendi, Marcelo.

[20:40] *<M> C, si te refieres a la demostración del teorema de Fermat, creo que modificaría qué acepto como demostracion valida en un curso de matematica.*

[20:41] <A> Ok mas na proxima aula sem calculadoras, etc eles vao cobrar vao querer sempre a utilizacao de tecnologias e i como usalas diariamenet?

[20:41] <C> Como "deixar de pensar"? Se é pensando que conhecemos a fundo a tecnologia?

[20:41] <G> Não precisamos deixar de pensar...

[20:41] <N> Pois, posse realizar algo, ver isso, conjectirar e com ajuda do outro validar.

[20:41] *<M> Que importancia pongo en la manipulacion simbolica, las estructuras, el cáculo,...*

[20:42] <F > Marcelo: nos textos foram freq o aparecimento de processos matemáticos como pesquisa.

[20:42] <I> A, aí entra o contrato didático, a negociação com os alunos, eu sem[pre utilizo calculadora e tenho poucos problemas com isto.

[20:42] <G> Concordo.

[20:42] <F> Nós prof. não temos acesso a este tipo de softw.

[20:42] <O> não penso no trabalho velado com o instrumento de calculo.

[20:43] <O> no sentido de dizer.

[20:43] <O> hoje com inst. amahã sem.

[20:43] <L> Na última frase eu quis dizer exatamente sobre isso, A, que os alunos percebem a importância do uso das calculadoras mas que também sabem até onde ela ajuda e onde começa a "atrapalhar", embora esse talvez não seja o termo correto.

[20:43] <Prof> F, nao entendi, explique por favor.

[20:43] <G> A utilização da calculadora não se restringe ao seu manuseio.

[20:43] <O> PARA NÃO ACOSTUMAR MAL.

[20:44] <O> ACHO QUE O USO CONSTANTE PODE PROPORCIONAR SITUAÇÃOES QUE FAVORECEM O USO PENSADO DA TECNOLOGIA.

[20:44] <A> L eu nao sei bem ate onde ajuda ou atrapalha.

[20:44] <G> PIOR É O FATO DE NOSSOS ALUNOS NÃO SABEREM MANUSEAR UMA SIMPLES CALCULADORA E MESMO INTERPRETAR SEUS RESULTADOS.

[20:44] <N> DEPENDE DE COMO EH ESSE USO CONSTANTE.

[20:44] <G> CONCORDO COM O.

Podemos dizer que neste trecho há cinco situações acontecendo ao mesmo tempo. A primeira, que está sublinhada, diz respeito a uma discussão sobre o uso das mídias nas práticas pedagógicas. Envolve o Professor (Prof) e os alunos A, F, G, H, B e L. Depois, também conta com o aluno B.

A situação em letras maiúsculas diz respeito a uma discussão sobre o uso de tecnologia, se ele impede ou não o "pensar". Conta inicialmente com os alunos F, D, N, G, O e depois também com o aluno C.

As situações em itálico (alunos B e J) e em negrito-itálico (alunos C e M) são diálogos entre dois alunos. Eles não se mostram profícuos, de modo que os dois alunos migram para outra discussão: B migra para a discussão sublinhada e C migra para a discussão em letras maiúsculas.

A situação em negrito trata-se de uma conversa de dois alunos com o técnico (E). É uma conversa rápida, envolvendo os alunos C e I. Em seguida, C migra para a discussão em letras maiúsculas e I migra para a discussão sublinhada.

Os dados mostram a possibilidade de haver debate sobre diversos temas ao mesmo tempo e aponta a rapidez com que novos temas e questões vão surgindo. Também evidencia que um aluno engajado em um diálogo ou discussão pode, no momento seguinte, passar a participar de outra discussão (exemplo do aluno C, que abandonou o diálogo com o aluno M e partiu para a discussão em letras maiúsculas). Há também um exemplo de que há questões colocadas que não geram debate, como o caso da questão colocada pelo aluno B.

Ele colocou uma questão que não suscitou debate e, então, partiu para uma discussão mais "acalorada", a sublinhada.

Embora o exemplo apresentado aqui seja longo e difícil de ser seguido, ele ajuda a ilustrar, para o leitor, como é viver uma prática educativa em um ambiente como esse. Múltiplas interações acontecem, o professor tem dificuldade de seguir todos os diálogos e nem sempre consegue escolher em qual interferir. As intervenções do professor são também feitas de forma apressada mostrando o ritmo de instantes da aula, que contrasta com outros onde durante três ou quatro minutos, praticamente, não há nenhuma intervenção. Há uso de cores e de "faces" para indicar sentimentos que, às vezes, são mais facilmente passados em relações nas quais a oralidade impera. Mas não há temperatura, não há olhar, e não sabemos se há gestos na Internet[33] dentro do design utilizado para esse curso, sem imagens em tempo real.

Embora ainda não esteja clara toda a consequência dessas diferenças, nós notamos também que o diálogo estabelecido segue outras regras, diferentes daquelas seguidas na sala de aula presencial. Assim, podemos ter vários diálogos acontecendo ao mesmo tempo e não um debate coordenado ou, como propusemos anteriormente, um único debate "reorganizado" sob novas regras. Em uma sala de aula convencional de pós-graduação é comum se ter uma palestra dada pelo professor com espaço para perguntas e discussão, ou o modelo de seminários, no qual a leitura feita previamente é fundamental para a análise dos alunos e síntese do professor e alunos. Em um curso a distância como o aqui descrito, devido à forma como funciona a sala de bate-papo, uma mensagem enviada por alguém pode gerar múltiplas respostas praticamente simultâneas e levar os outros participantes a diversas interações com as "falas" apresentadas. A ideia de diagrama em forma de árvore pode servir como uma primeira aproximação para descrever essa nova forma de diálogo.

---

[33] Durante o Grupo de Trabalho sobre Informática e Educação a Distância no I SIPEM (I Seminário Internacional sobre Pesquisa em Educação Matemática) a pesquisadora Janete Frant, CEDERJ fez essa observação sobre gestos após ouvir o relato das pesquisas do GPIMEM sobre educação a distância em Educação Matemática.

É verdade que isso pode acontecer na sala de aula presencial com conversas paralelas, olhares e gestos, mas em um ambiente de sala de bate-papo nós podemos ver o interesse de subgrupos guiando diversas relações síncronas. Observamos também no trecho transcrito anteriormente a fragmentação do tempo para cada participante, que não seguia um debate linear e sim lidava com múltiplas vivências simultaneamente.

Vimos, então, nesse exemplo, como as noções de diálogo e tempo, além da óbvia mudança na noção de espaço, se transformam quando a um coletivo de seres humanos se junta a informática com suas diferentes interfaces. Entendemos que estamos na pré-história desse novo tipo de interação propiciada pela criação das novas interfaces e que, por outro lado, com o rápido progresso das novas tecnologias, estaremos, provavelmente, em breve, em etapas qualitativamente diferentes.

Neste capítulo vimos como que essa faceta da informática, a comunicacional, está mudando a própria identidade das pessoas e, certamente, a natureza dos coletivos que produzem conhecimento. Vimos também que as relações presenciais já estão permeadas de interações via *e-mail* como no caso de nosso grupo de pesquisa e de disciplinas presenciais que já se encontram com estrutura de apoio virtual. Finalmente mostramos nossa fragilidade diante da rapidez das mudanças dos atores tecnológicos, visto que, por exemplo, enquanto pesquisamos e escrevemos sobre *chat*, o *chat* com imagens já começa a se popularizar e certamente transformará os coletivos formados por seres humanos e mídias que produzem conhecimento.

Capítulo VI

Possibilidades, limites e acesso

Iniciamos este livro com a seguinte pergunta: se o computador é a resposta, qual é o problema? Pretendíamos com isso provocar o leitor, deixando claro que não há uma resposta única para a pergunta, e que na verdade o problema é bem mais complexo. Debatemos o caráter eleitoral que pode ser dado ao uso da informática nas escolas, descartamos algumas justificativas simplistas e propusemos que a razão central para a presença do computador na escola seja menos a melhora ou piora do ensino e mais a expansão de possibilidades de desenvolvimento da cidadania. No momento em que os computadores, enquanto artefato cultural e enquanto técnica, ficam cada vez mais presentes em todos os domínios da atividade humana, é fundamental que eles também estejam presentes nas atividades escolares. Na escola, a alfabetização informática precisa ser considerada como algo tão importante quanto a alfabetização na língua materna e em matemática.

Em particular, achamos fundamental a presença dos computadores e da Internet na escola pública para a consolidação de um projeto de democratizar um país marcado pelo autoritarismo. Em Universidades como a UNESP, em que a maioria dos alunos é oriunda de escolas públicas, e em cursos como o de Matemática, onde essa proporção é ainda maior, é comum encontrarmos alunos ingressantes que quase nunca tiveram contato com informática. Ou seja, não têm computadores em casa, e nem tinham na escola, ou se tinham, não podiam usar.

Nesse sentido, consideramos fundamental que sejam implementados programas que facilitem o acesso à informática. Acesso dentro e fora da escola, tais como em associação de moradores, igrejas, praças públicas e centros comerciais. Acesso é, portanto, a palavra chave. Entretanto, não é suficiente. Vimos que há pedagogias e visões epistemológicas que se coadunam com o computador. Aula expositiva, seguida de exemplos no computador, parece ser uma maneira de domesticar essa mídia. A forma de evitar isso seria a escolha de propostas pedagógicas que enfatizem a experimentação, visualização, simulação, comunicação eletrônica e problemas abertos. Consideramos que essas propostas estariam em ressonância e em sinergia com a informática. Porém, salientamos que há outros enfoques que podem possuir essa sinergia. Por exemplo, uma proposta comportamental, voltada para a melhoria de resultados em um dado tipo de teste. Nesse caso, há uma sinergia, visto que se aproveita a capacidade de resposta rápida do computador e a sua extensa memória para armazenamento de dados. Há em propostas como essa, entretanto, a falta de capacidade de aproveitar a entrada de uma nova mídia dentro do coletivo que produz conhecimento na escola e alterar práticas que subestimam a capacidade dos alunos.

Com o capítulo três quisemos também enfatizar que a entrada da mídia informática na escola não é a salvação dos problemas pedagógicos, e também sua chegada não paralisa o debate sobre propostas pedagógicas. Entendemos que a ênfase que se tem dado em documentos como o PCNs, em interdisciplinaridade e problemas abertos, está em harmonia com a mídia informática, em particular se o acesso à Internet for incrementado rapidamente.

Contudo, uma questão central para a entrada das novas mídias na escola está relacionada com o professor. Já há sinais evidentes, tanto na educação básica quanto na própria educação em nível universitário, que, se o professor não tiver espaço para refletir sobre as mudanças que acarretam a presença da informática nos coletivos pensantes, eles tenderão a não utilizar essas mídias, ou a utilizá-las de maneira superficial, domesticando, portanto, essa nova mídia. Para que o professor, em todos os níveis, aprenda a conviver com as incertezas trazidas por uma mídia que tem características quantitativas e qualitativas novas em relação à memória, um amplo trabalho de reflexão coletiva tem que ser desenvolvido. Não é fácil para professores lidar com um computador que traz respostas imediatas para gráficos e resoluções de problemas que consideravam difíceis, ainda "outro dia", quando eram estudantes. É difícil ter que organizar situações-problema para os novos sistemas seres-humanos-com-mídias que se transformam de maneira qualitativa com a chegada da mídia informática. É difícil ter que dizer "não sei" e achar tempo para investigar. A vida do professor já é bastante atribulada. É por isso que propomos que redes de trabalho integrando professores e pesquisadores como *Interlink*, como o curso de EaD e como o próprio GPIMEM, se formem, para que haja um apoio mútuo para enfrentar desafios como os ilustrados acima.

É importante também que seja incrementada a discussão teórica, conforme propusemos no capítulo quatro, para que nos fortaleçamos e possamos compreender e refletir sobre a experiência que estamos vivendo a fim de que possamos descrevê-la e disseminá-la, como estamos fazendo neste livro.

Nós, autores, nos empolgamos com as mudanças que essas novas mídias estão provocando. Essa empolgação acontece muitas vezes, porque gostamos de aprender. Aprendemos constantemente quando estudamos matemática em coletivos seres-humanos-com-mídias em que os computadores e as calculadoras gráficas estejam presentes. Porém não estamos isentos das angústias e aflições que surgem quando temos que lidar com todos os riscos presentes quando adentramos o mundo da informática. Nesse sentido, o GPIMEM tem sido o suporte para guiar a nossa reflexão e ação. Temos muita satisfação em participar da formatação de ideias educacionais que estão embebidas na chegada de novas mídias. Aproveitamos esse momento para, além de novas mídias, poder vislumbrar novas práticas na escola. Por outro lado, enquanto professores, mas principalmente como pesquisadores, precisamos exercitar a dúvida e questionar sempre. Não podemos aceitar a ideia, muitas vezes eleitoreira, de que a informática resolve os problemas ligados ao ensino e a aprendizagem.

Documentamos e analisamos transformações pelas quais passam estudantes e professores ao verem os atores informáticos se incorporarem a coletivos aos quais pertencem. Levantamos problemas e limites com o uso dessas mídias na escola. Questionamos o acesso restrito que pode aprofundar ainda mais o *"apartheid* social" que vive nosso país. Nos perguntamos sobre a natureza da Educação a Distância e sobre os preconceitos que se tem em relação a ela em diversas instituições, assim como os projetos comerciais que só visam lucro com o seu uso.

Enfim, estamos pesquisando e compartilhando o que entendemos que estamos aprendendo. Esperamos que a leitura desse livro contribua para ampliar o coletivo que pensa e questiona os aspectos mais amplos de políticas ligadas à informática e seja um estímulo para o aprofundamento em alguns temas mais específicos do cotidiano das aulas de Matemática. Enfim, esperamos o engajamento de um grande número de pessoas para que as ideias aqui apresentadas se transformem e gerem ações efetivas.

Apêndice

Lista de sites

www.rc.unesp.br/igce/pgem/gpimem.html (site do Grupo de Pesquisas em Informática, outras Mídias e Educação Matemática).

www.igce.unesp.br/igce/matematica/interlk (site da Rede Interlink).

www.rc.unesp.br/igce/matematica/pgem (site da pós-graduação em educação matemática).

www.rc.unesp.br/igce/matematica/tricks (site do *Software* Geometricks).

www.apm.pt (site da Associação dos Professores de Matemática de Portugal).

www.cabri.com.br (site do *Software* Cabri-Géomètre).

www.derive.com (site do *Software* DERIVE).

iafc.ul.pt (site do Grupo Investiga do Departamento de Educação da Faculdade de Ciências da Universidade de Lisboa).

www.educacao.sp.gov.br (site da Secretaria de Educação do Estado de São Paulo).

www.educ.fc.ul.pt (site do Departamento de Educação da Faculdade de Ciências da Universidade de Lisboa).

www.geometria.com.br (site de estudos em Geometria).

www.microsoft.com/brasil/educacional (site da Microsoft, voltado à Educação).

www.microsoft.com/brasil/educacional/projsala.stm (site da Microsoft, voltada à Educação – Projetos para a Sala de Aula).

www.nied.unicamp.br (site do Núcleo de Informática Aplicada à Educação da UNICAMP).

www.nied.unicamp.br/links (site sobre o *Software* LOGO).

www.pgie.ufrgs.br/portalead/rosane/nte2cd/index.html (site do II Curso de Especialização em Informática na Educação – NTE).

www.proem.pucsp.br (site do Programa de Estudos e Pesquisas no Ensino da Matemática).

www.proinfo.gov.br (site do Programa Nacional de Informática na Educação).

www.sbem.com.br (site da Sociedade Brasileira de Educação Matemática).

www.semcv.org/t3/publt3.htm (site em espanhol de atividades desenvolvidas com a Calculadora Gráfica TI–83).

www.ti.com (site da Texas-Instruments, fabricante de Calculadoras Gráficas e CBR).

www.ti.com/calc/brasil (site da Texas-Instruments para Soluções para o Ensino e Calculadoras).

www.utopia.com.br/sbie (site da Sociedade Brasileira de Informática e Educação).

www.pair.com/ksoft (site do *Software* Graphmatica).

Bibliografia

ALONSO, K. M. *A educação a distância e o programa de formação de professores em exercício na UFMT.* Mato Grosso: Universidade Federal do Mato Grosso, 1999 (Mimeogr.).

ARAUJO, J. L. *Cálculo, tecnologias e modelagem Matemática: as discussões dos alunos.* Rio Claro, 2002. (Doutorado em Educação Matemática) – Universidade Estadual Paulista.

BABIN, P.; KOULOUMDJIAN, M. *Os novos modos de compreender:* a geração do audiovisual e do computador. São Paulo: Edições Paulinas, 1989.

BARBOSA, J. C. *Modelagem matemática: concepções e experiências de futuros professores.* Rio Claro, 2001. (Doutorado em Educação Matemática) – Universidade Estadual Paulista.

BARBOSA, R. M.; MURARI, C. "Aprendendo construir novos mosaicos, agora em caleidoscópios com quatro espelhos". *Revista de Educação Matemática*, SBEM-SP, 1998, p. 57-66.

BELLONI, M. L. *Educação a distância.* Campinas: Editores Associados, 1999.

BORBA, M. C. *Students' Understanding of Transformations of Functions Using Multi-Representational Software.* Portugal: Associação de Professores de Matemática de Portugal, 1995. (Doutorado em Educação Matemática – Cornell University).

BORBA, M. C. "Tecnologias informáticas na Educação Matemática e reorganização do pensamento". In: BICUDO, M.A.V. (org.) *Pesquisa em Educação Matemática*: concepções e perspectivas. São Paulo: Editora UNESP, 1999a. p. 285-95.

BORBA, M. C. *Calculadoras gráficas e Educação Matemática.* Rio de Janeiro: Mestrado em Educação Matemática da Universidade Santa Úrsula, 1999b (Reflexão em Educação Matemática, 6).

BORBA, M. C. "*Lo que debemos llevar para el siglo XXI: el caso de las funciones*". *UNO – Revista de Didática de las Matemáticas.* n. 22, p. 45-54, out. 1999c.

BORBA, M. C.; CONFREY, J. "A student's construction of transformations of functions in a multiple representational environment". *Educational Studies in Mathematics*, n. 31, p. 319-37, 1996.

BORBA, M. C.; MENEGHETTI, R. C. G.; HERMINI, H. A. "Modelagem, calculadora gráfica, interdisciplinaridade na sala de aula de um curso de ciências biológicas". *Revista de Educação Matemática da Sociedade Brasileira de Educação Matemática*, Ano 5, n. 3, p. 63-70, 1997.

BORBA, M. C.; SCHEFFER, N. F. "*The mathematics of motion, sensors, and the introduction of function to eight graders in Brazil*". Trabalho apresentado no Encontro Anual do American Educational Research Association – AERA. Seatle, EUA, abr. 2001.

CANCIAN, A. K. *Reflexão e colaboração desencadeando mudanças – uma experiência de trabalho junto a professores de Matemática*. Rio Claro, 2001. (Mestrado em Educação Matemática) – Universidade Estadual Paulista.

DA SILVA, H. *A Informática em aulas de Matemática: a visão das mães*. Rio Claro, 2000. Dissertação (Mestrado em Educação Matemática) – Universidade Estadual Paulista.

EISENBERG, T.; DREYFUS, T. *On visualizing functions transformations*. Technical Report, The Wezmann Institute of Science, Rehovot, Israel, 1987.

FRANT, J. B. *Educational Computer Technolgy in Brazil: The Difusion and Implementation of Educational Innovation*. Tese de Doutorado, PhD. School of Education, New York University. 1993

GRACIAS, T. A. S.; BORBA, M. C. *Tendências em Educação Matemática: um curso de extensão a distância*. (resumo). In: WORKSHOP DE INFORMÁTICA APLICADA À EDUCAÇÃO, 2000, Araraquara. *Livros de Resumos do Workshop de Informática Aplicada à Educação*. Araraquara, 2000. p. 11-2.

GOLDENBERG, E. P.; KLIMAN, M. *What you see is what you see*. Unpublished Manuscript. Newton, MA, USA: Educational Technology Center, 1990.

JAHN, A. P. *Novas ferramentas, novos objetos, novas relações com o saber: o caso das transformações geométricas num ambiente de geometria dinâmica*. Livro de Resumos do I Seminário Internacional de Pesquisa em Educação Matemática. Serra Negra, SP, 2000

KAPUT, J. J. "*Representation systems and mathematics*". In: Janvier, C. (ed.). *Problems of Representation in the Teaching and Learning of Mathematics*. Hillsdale: Erlbraum Associates, 1987.

LALANDE, A. *Vocabulário técnico e crítico de Filosofia*. (3ª Edição). Traduzida. São Paulo: Livraria Martins Fontes Editora, 1999.

LÉVY, P. *As tecnologias da inteligência: o futuro do pensamento na era da Informática*. Rio de Janeiro: Editora 34, 1993.

LÉVY, P. *A inteligência coletiva: por uma antropologia do ciberespaço* (2ª ed.). São Paulo: Edições Loyola, 1999.

LINCOLN, Y.; GUBA, E. *Naturalistic Inquiry.* California: Sage Publications, 1985.

MACHADO, N. J. *Ensaios transversais: cidadania e educação.* São Paulo: Escrituras Editora, 1997.

MARTINS, R. A.; MURARI, C.; ALMEIDA, S. "Obtenção de bases para caleidoscópios no *software* Cabri II". *Anais do I WORKSHOP – Informática aplicada à educação,* Araraquara: SBEM, 2000, p. 41.

MOORE, M. G.; KEARSLEY, G. *Distance Education: a Systems View.* California, USA: Wadsworth Publishing, 1996.

NISKIER, A. *Educação a distância: a tecnologia da esperança.* São Paulo: Edições Loyola, 1999.

PENTEADO SILVA, M.G. *O computador na perspectiva do desenvolvimento profissional do professor.* Campinas, 1997. (Doutorado em Educação) – Universidade Estadual de Campinas.

SCHEFFER, N. F. *Sensores, Informática e o corpo: a noção de movimento no ensino fundamental.* Rio Claro, 2001. (Doutorado em Educação Matemática) – Universidade Estadual Paulista.

SOUZA, T. A. *Calculadoras gráficas: uma proposta didático-pedagógica para o tema funções quadráticas.* Portugal: Associação de Professores de Matemática de Portugal, 1997. (Mestrado em Educação Matemática – Universidade Estadual Paulista).

TIKHOMIROV, O. K. "*The Psychological consequences of computerization*". In: WERTSCH, J.V. (Ed.) *The concept of activity in soviet psychology.* New York: M.E. Sharpe. Inc, 1981, p. 256-78.

VILLARREAL, M. E. *O pensamento matemático de estudantes universitários de cálculo e tecnologias informáticas.* Rio Claro, 1999. (Doutorado em Educação Matemática) – Universidade Estadual Paulista.

ZANIN, A. C. *O Logo na sala de aula de Matemática da 6ª série do 1º grau.* Rio Claro, 1997. (Doutorado em Educação Matemática) – Universidade Estadual Paulista.

Outros títulos da coleção
Tendências em Educação Matemática

A matemática nos anos iniciais do ensino fundamental – Tecendo fios do ensinar e do aprender
Autoras: *Adair Mendes Nacarato, Brenda Leme da Silva Mengali, Cármen Lúcia Brancaglion Passos*

> Neste livro, as autoras discutem o ensino de Matemática nas séries iniciais do ensino fundamental num movimento entre o aprender e o ensinar. Consideram que essa discussão não pode ser dissociada de uma mais ampla, que diz respeito à formação das professoras polivalentes – aquelas que têm uma formação mais generalista em cursos de nível médio (Habilitação ao Magistério) ou em cursos superiores (Normal Superior e Pedagogia). Nesse sentido, elas analisam como têm sido as reformas curriculares desses cursos e apresentam perspectivas para formadores e pesquisadores no campo da formação docente. O foco central da obra está nas situações matemáticas desenvolvidas em salas de aula dos anos iniciais. A partir dessas situações, as autoras discutem suas concepções sobre o ensino de Matemática a alunos dessa escolaridade, o ambiente de aprendizagem a ser criado em sala de aula, as interações que ocorrem nesse ambiente e a relação dialógica entre alunos-alunos e professora-alunos que possibilita a produção e a negociação de significado.

Afeto em competições matemáticas inclusivas – A relação dos jovens e suas famílias com a resolução de problemas
Autoras: *Nélia Amado, Susana Carreira, Rosa Tomás Ferreira*

> As dimensões afetivas constituem variáveis cada vez mais decisivas para alterar e tentar abolir a imagem fria, pouco entusiasmante e mesmo intimidante da Matemática aos olhos de muitos jovens e adultos. Sabe-se atualmente, de forma cabal, que os afetos (emoções, sentimentos, atitudes,

percepções...) desempenham um papel central na aprendizagem da Matemática, designadamente na atividade de resolução de problemas. Na sequência do seu envolvimento em competições matemáticas inclusivas baseadas na internet, Nélia Amado, Susana Carreira e Rosa Tomás Ferreira debruçam-se sobre inúmeros dados e testemunhos que foram reunindo, através de questionários, entrevistas e conversas informais com alunos e pais, para caracterizar as dimensões afetivas presentes na participação de jovens alunos (dos 10 aos 14 anos) nos campeonatos de resolução de problemas SUB12 e SUB14. Neste livro, o leitor é convidado a percorrer várias das dimensões afetivas envolvidas na resolução de problemas desafiantes. A compreensão dessas dimensões ajudará a melhorar a relação das crianças e dos adultos com a Matemática e a formular uma imagem da Matemática mais humanizada, desafiante e emotiva.

Álgebra para a formação do professor – Explorando os conceitos de equação e de função
Autores: *Alessandro Jacques Ribeiro, Helena Noronha Cury*

Neste livro, Alessandro Jacques Ribeiro e Helena Noronha Cury apresentam uma visão geral sobre os conceitos de equação e de função, explorando o tópico com vistas à formação do professor de Matemática. Os autores trazem aspectos históricos da constituição desses conceitos ao longo da História da Matemática e discutem os diferentes significados que até hoje perpassam as produções sobre esses tópicos. Com vistas à formação inicial ou continuada de professores de Matemática, Alessandro e Helena enfocam, ainda, alguns documentos oficiais que abordam o ensino de equações e de funções, bem como exemplos de problemas encontrados em livros didáticos. Também apresentam sugestões de atividades para a sala de aula de Matemática, abordando os conceitos de equação e de função, com o propósito de oferecer aos colegas, professores de Matemática de qualquer nível de ensino, possibilidades de refletir sobre os pressupostos teóricos que embasam o texto e produzir novas ações que contribuam para uma melhor compreensão desses conceitos, fundamentais para toda a aprendizagem matemática.

Análise de erros – O que podemos aprender com as respostas dos alunos
Autora: *Helena Noronha Cury*

Neste livro, Helena Noronha Cury apresenta uma visão geral sobre a análise de erros, fazendo um retrospecto das primeiras pesquisas na área e indicando teóricos que subsidiam investigações sobre erros. A autora defende a ideia de que a análise de erros é uma abordagem de pesquisa e também uma metodologia de ensino, se for empregada em sala de aula com o objetivo de levar os alunos a questionarem suas próprias soluções.

O levantamento de trabalhos sobre erros desenvolvidos no país e no exterior, apresentado na obra, poderá ser usado pelos leitores segundo seus interesses de pesquisa ou ensino. A autora apresenta sugestões de uso dos erros em sala de aula, discutindo exemplos já trabalhados por outros investigadores. Nas conclusões, a pesquisadora sugere que discussões sobre os erros dos alunos venham a ser contempladas em disciplinas de cursos de formação de professores, já que podem gerar reflexões sobre o próprio processo de aprendizagem.

Aprendizagem em Geometria na educação básica – A fotografia e a escrita na sala de aula

Autores: *Cleane Aparecida dos Santos, Adair Mendes Nacarato*

Muitas pesquisas têm sido produzidas no campo da Educação Matemática sobre o ensino de Geometria. No entanto, o professor, quando deseja implementar atividades diferenciadas com seus alunos, depara-se com a escassez de materiais publicados. As autoras, diante dessa constatação, constroem, desenvolvem e analisam uma proposta alternativa para explorar os conceitos geométricos, aliando o uso de imagens fotográficas às produções escritas dos alunos. As autoras almejam que o compartilhamento da experiência vivida possa contribuir tanto para o campo da pesquisa quanto para as práticas pedagógicas dos professores que ensinam Matemática nos anos iniciais do ensino fundamental.

Brincar e jogar – Enlaces teóricos e metodológicos no campo da Educação Matemática

Autor: *Cristiano Alberto Muniz*

Neste livro, o autor apresenta a complexa relação jogo/ brincadeira e a aprendizagem matemática. Além de discutir as diferentes perspectivas da relação jogo e Educação Matemática, ele favorece uma reflexão do quanto o conceito de Matemática implica a produção da concepção de jogos para a aprendizagem, assim como o delineamento conceitual do jogo nos propicia visualizar novas possibilidades de utilização dos jogos na Educação Matemática. Entrelaçando diferentes perspectivas teóricas e metodológicas sobre o jogo, ele apresenta análises sobre produções matemáticas realizadas por crianças em processo de escolarização em jogos ditos espontâneos, fazendo um contraponto às expectativas do educador em relação às suas potencialidades para a aprendizagem matemática. Ao trazer reflexões teóricas sobre o jogo na Educação Matemática e revelar o jogo efetivo das crianças em processo de produção matemática, a obra tanto apresenta subsídios para o desenvolvimento da investigação científica quanto para a práxis pedagógica por meio do jogo na sala de aula de Matemática.

Da etnomatemática a arte-design e matrizes cíclicas
Autor: *Paulus Gerdes*

Neste livro, o leitor encontra uma cuidadosa discussão e diversos exemplos de como a Matemática se relaciona com outras atividades humanas. Para o leitor que ainda não conhece o trabalho de Paulus Gerdes, esta publicação sintetiza uma parte considerável da obra desenvolvida pelo autor ao longo dos últimos 30 anos. E para quem já conhece as pesquisas de Paulus, aqui são abordados novos tópicos, em especial as matrizes cíclicas, ideia que supera não só a noção de que a Matemática é independente de contexto e deve ser pensada como o símbolo da pureza, mas também quebra, dentro da própria Matemática, barreiras entre áreas que muitas vezes são vistas de modo estanque em disciplinas da graduação em Matemática ou do ensino médio.

Descobrindo a Geometria Fractal – Para a sala de aula
Autor: *Ruy Madsen Barbosa*

Neste livro, Ruy Madsen Barbosa apresenta um estudo dos belos fractais voltado para seu uso em sala de aula, buscando a sua introdução na Educação Matemática brasileira, fazendo bastante apelo ao visual artístico, sem prejuízo da precisão e rigor matemático. Para alcançar esse objetivo, o autor incluiu capítulos específicos, como os de criação e de exploração de fractais, de manipulação de material concreto, de relacionamento com o triângulo de Pascal, e particularmente um com recursos computacionais com *softwares* educacionais em uso no Brasil. A inserção de dados e comentários históricos tornam o texto de interessante leitura. Anexo ao livro é fornecido o CD-Nfract, de Francesco Artur Perrotti, para construção dos lindos fractais de Mandelbrot e Julia.

Diálogo e aprendizagem em Educação Matemática
Autores: *Helle AlrØ e Ole Skovsmose*

Neste livro, os educadores matemáticos dinamarqueses Helle Alrø e Ole Skovsmose relacionam a qualidade do diálogo em sala de aula com a aprendizagem. Apoiados em ideias de Paulo Freire, Carl Rogers e da Educação Matemática Crítica, esses autores trazem exemplos da sala de aula para substanciar os modelos que propõem acerca das diferentes formas de comunicação na sala de aula. Este livro é mais um passo em direção à internacionalização desta coleção. Este é o terceiro título da coleção no qual autores de destaque do exterior juntam-se aos autores nacionais para debaterem as diversas tendências em Educação Matemática. Skovsmose participa ativamente da comunidade brasileira, ministrando disciplinas, participando de conferências e interagindo com estudantes e docentes do Programa de Pós-Graduação em Educação Matemática da Unesp, em Rio Claro.

Didática da Matemática – Uma análise da influência francesa
Autor: *Luiz Carlos Pais*

Neste livro, Luiz Carlos Pais apresenta aos leitores conceitos fundamentais de uma tendência que ficou conhecida como "Didática Francesa". Educadores matemáticos franceses, na sua maioria, desenvolveram um modo próprio de ver a educação centrada na questão do ensino da Matemática. Vários educadores matemáticos do Brasil adotaram alguma versão dessa tendência ao trabalharem com concepções dos alunos, com formação de professores, entre outros temas. O autor é um dos maiores especialistas no país nessa tendência, e o leitor verá isso ao se familiarizar com conceitos como transposição didática, contrato didático, obstáculos epistemológicos e engenharia didática, dentre outros.

Educação a Distância *online*
Autores: *Marcelo de Carvalho Borba, Ana Paula dos Santos Malheiros, Rúbia Barcelos Amaral*

Neste livro, os autores apresentam resultados de mais de oito anos de experiência e pesquisas em Educação a Distância *online* (EaDonline), com exemplos de cursos ministrados para professores de Matemática. Além de cursos, outras práticas pedagógicas, como comunidades virtuais de aprendizagem e o desenvolvimento de projetos de modelagem realizados a distância, são descritas. Ainda que os três autores deste livro sejam da área de Educação Matemática, algumas das discussões nele apresentadas, como formação de professores, o papel docente em EaDonline, além de questões de metodologia de pesquisa qualitativa, podem ser adaptadas a outras áreas do conhecimento. Neste sentido, esta obra se dirige àquele que ainda não está familiarizado com a EaDonline e também àquele que busca refletir de forma mais intensa sobre sua prática nesta modalidade educacional. Cabe destacar que os três autores têm ministrado aulas em ambientes virtuais de aprendizagem.

Educação Estatística - Teoria e prática em ambientes de modelagem matemática
Autores: *Celso Ribeiro Campos, Maria Lúcia Lorenzetti Wodewotzki, Otávio Roberto Jacobini*

Este livro traz ao leitor um estudo minucioso sobre a Educação Estatística e oferece elementos fundamentais para o ensino e a aprendizagem em sala de aula dessa disciplina, que vem se difundindo e já integra a grade curricular dos ensinos fundamental e médio. Os autores apresentam aqui o que apontam as pesquisas desse campo, além de fomentarem discussões acerca das teorias e práticas em interface com a modelagem matemática e a educação crítica.

Educação Matemática de Jovens e Adultos – Especificidades, desafios e contribuições

Autora: *Maria da Conceição F. R. Fonseca*

Neste livro, Maria da Conceição F. R. Fonseca apresenta ao leitor uma visão do que é a Educação de Adultos e de que forma essa se entrelaça com a Educação Matemática. A autora traz para o leitor reflexões atuais feitas por ela e por outros educadores que são referência na área de Educação de Jovens e Adultos no país. Este quinto volume da coleção "Tendências em Educação Matemática" certamente irá impulsionar a pesquisa e a reflexão sobre o tema, fundamental para a compreensão da questão do ponto de vista social e político.

Etnomatemática – Elo entre as tradições e a modernidade

Autor: *Ubiratan D'Ambrosio*

Neste livro, Ubiratan D'Ambrosio apresenta seus mais recentes pensamentos sobre Etnomatemática, uma tendência da qual é um dos fundadores. Ele propicia ao leitor uma análise do papel da Matemática na cultura ocidental e da noção de que Matemática é apenas uma forma de Etnomatemática. O autor discute como a análise desenvolvida é relevante para a sala de aula. Faz ainda um arrazoado de diversos trabalhos na área já desenvolvidos no país e no exterior.

Etnomatemática em movimento

Autoras: *Gelsa Knijnik, Fernanda Wanderer, Ieda Maria Giongo, Claudia Glavam Duarte*

Integrante da coleção "Tendências em Educação Matemática", este livro traz ao público um minucioso estudo sobre os rumos da Etnomatemática, cuja referência principal é o brasileiro Ubiratan D'Ambrosio. As ideias aqui discutidas tomam como base o desenvolvimento dos estudos etnomatemáticos e a forma como o movimento de continuidades e deslocamentos tem marcado esses trabalhos, centralmente ocupados em questionar a política do conhecimento dominante. As autoras refletem aqui sobre as discussões atuais em torno das pesquisas etnomatemáticas e o percurso tomado sobre essa vertente da Educação Matemática, desde seu surgimento, nos anos 1970, até os dias atuais.

Fases das tecnologias digitais em Educação Matemática – Sala de aula e internet em movimento

Autores: *Marcelo de Carvalho Borba, Ricardo Scucuglia Rodrigues da Silva, George Gadanidis*

Com base em suas experiências enquanto docentes e pesquisadores, associadas a uma análise acerca das principais pesquisas desenvolvidas no

Brasil sobre o uso de tecnologias digitais no ensino e aprendizagem de Matemática, os autores apresentam uma perspectiva fundamentada em quatro fases. Inicialmente, os leitores encontram uma descrição sobre cada uma dessas fases, o que inclui a apresentação de visões teóricas e exemplos de atividades matemáticas características em cada momento. Baseados na "perspectiva das quatro fases", os autores discutem questões sobre o atual momento (quarta fase). Especificamente, eles exploram o uso do *software* GeoGebra no estudo do conceito de derivada, a utilização da internet em sala de aula e a noção denominada performance matemática digital, que envolve as artes.

Este livro, além de sintetizar de forma retrospectiva e original uma visão sobre o uso de tecnologias em Educação Matemática, resgata e compila de maneira exemplificada questões teóricas e propostas de atividades, apontando assim inquietações importantes sobre o presente e o futuro da sala de aula de Matemática. Portanto, esta obra traz assuntos potencialmente interessantes para professores e pesquisadores que atuam na Educação Matemática.

Filosofia da Educação Matemática

Autores: *Maria Aparecida Viggiani Bicudo, Antonio Vicente Marafioti Garnica*
Neste livro, Maria Bicudo e Antonio Vicente Garnica apresentam ao leitor suas ideias sobre Filosofia da Educação Matemática. Eles propiciam ao leitor a oportunidade de refletir sobre questões relativas à Filosofia da Matemática, à Filosofia da Educação e mostram as novas perguntas que definem essa tendência em Educação Matemática. Neste livro, em vez de ver a Educação Matemática sob a ótica da Psicologia ou da própria Matemática, os autores a veem sob a ótica da Filosofia da Educação Matemática.

Formação matemática do professor – Licenciatura e prática docente escolar

Autores: *Plinio Cavalcante Moreira e Maria Manuela M. S. David*
Neste livro, os autores levantam questões fundamentais para a formação do professor de Matemática. Que Matemática deve o professor de Matemática estudar? A acadêmica ou aquela que é ensinada na escola? A partir de perguntas como essas, os autores questionam essas opções dicotômicas e apontam um terceiro caminho a ser seguido. O livro apresenta diversos exemplos do modo como os conjuntos numéricos são trabalhados na escola e na academia. Finalmente, cabe lembrar que esta publicação inova ao integrar o livro com a internet. No site da editora www.autenticaeditora.com.br, procure por Educação Matemática e pelo título "A formação matemática do professor: licenciatura e prática docente

escolar", onde o leitor pode encontrar alguns textos complementares ao livro e apresentar seus comentários, críticas e sugestões, estabelecendo, assim, um diálogo online com os autores.

História na Educação Matemática – Propostas e desafios
Autores: *Antonio Miguel e Maria Ângela Miorim*

Neste livro, os autores discutem diversos temas que interessam ao educador matemático. Eles abordam História da Matemática, História da Educação Matemática e como essas duas regiões de inquérito podem se relacionar com a Educação Matemática. O leitor irá notar que eles também apresentam uma visão sobre o que é História e abordam esse difícil tema de uma forma acessível ao leitor interessado no assunto. Este décimo volume da coleção certamente transformará a visão do leitor sobre o uso de História na Educação Matemática.

Interdisciplinaridade e aprendizagem da Matemática em sala de aula
Autores: *Vanessa Sena Tomaz e Maria Manuela M. S. David*

Como lidar com a interdisciplinaridade no ensino da Matemática? De que forma o professor pode criar um ambiente favorável que o ajude a perceber o que e como seus alunos aprendem? Essas são algumas das questões elucidadas pelas autoras neste livro, voltado não só para os envolvidos com Educação Matemática como também para os que se interessam por educação em geral. Isso porque um dos benefícios deste trabalho é a compreensão de que a Matemática está sendo chamada a engajar-se na crescente preocupação com a formação integral do aluno como cidadão, o que chama a atenção para a necessidade de tratar o ensino da disciplina levando-se em conta a complexidade do contexto social e a riqueza da visão interdisciplinar na relação entre ensino e aprendizagem, sem deixar de lado os desafios e as dificuldades dessa prática.

Para enriquecer a leitura, as autoras apresentam algumas situações ocorridas em sala de aula que mostram diferentes abordagens interdisciplinares dos conteúdos escolares e oferecem elementos para que os professores e os formadores de professores criem formas cada vez mais produtivas de se ensinar e inserir a compreensão matemática na vida do aluno.

Investigações matemáticas na sala de aula
Autores: *João Pedro da Ponte, Joana Brocardo, Hélia Oliveira*

Neste livro, os autores – todos portugueses – analisam como práticas de investigação desenvolvidas por matemáticos podem ser trazidas para a sala de aula. Eles mostram resultados de pesquisas ilustrando as vantagens e dificuldades de se trabalhar com tal perspectiva em Educação Matemática. Geração de conjecturas, reflexão e formalização do conhecimento são aspectos discutidos pelos autores ao analisarem os papéis de alunos e professores em sala de aula quando lidam com problemas em áreas como geometria, estatística e aritmética.

Lógica e linguagem cotidiana – Verdade, coerência, comunicação, argumentação

Autores: *Nílson José Machado e Marisa Ortegoza da Cunha*

Neste livro, os autores buscam ligar as experiências vividas em nosso cotidiano a noções fundamentais tanto para a Lógica como para a Matemática. Através de uma linguagem acessível, o livro possui uma forte base filosófica que sustenta a apresentação sobre Lógica e certamente ajudará a coleção a ir além dos muros do que hoje é denominado Educação Matemática. A bibliografia comentada permitirá que o leitor procure outras obras para aprofundar os temas de seu interesse, e um índice remissivo, no final do livro, permitirá que o leitor ache facilmente explicações sobre vocábulos como contradição, dilema, falácia, proposição e sofisma. Embora este livro seja recomendado a estudantes de cursos de graduação e de especialização, em todas as áreas, ele também se destina a um público mais amplo. Visite também o site *www.rc.unesp.br/igce/pgem/gpimem.html.*

Matemática e arte

Autor: *Dirceu Zaleski Filho*

Neste livro, Dirceu Zaleski Filho propõe reaproximar a Matemática e a arte no ensino. A partir de um estudo sobre a importância da relação entre essas áreas, o autor elabora aqui uma análise da contemporaneidade e oferece ao leitor uma revisão integrada da História da Matemática e da História da Arte, revelando o quão benéfica sua conciliação pode ser para o ensino. O autor sugere aqui novos caminhos para a Educação Matemática, mostrando como a Segunda Revolução Industrial – a eletroeletrônica, no século XXI – e a arte de Paul Cézanne, Pablo Picasso e, em especial, Piet Mondrian contribuíram para essa reaproximação, e como elas podem ser importantes para o ensino de Matemática em sala de aula.

Matemática e Arte é um livro imprescindível a todos os professores, alunos de graduação e de pós-graduação e, fundamentalmente, para professores da Educação Matemática.

Modelagem em Educação Matemática

Autores: *João Frederico da Costa de Azevedo Meyer, Ademir Donizeti Caldeira, Ana Paula dos Santos Malheiros*

A partir de pesquisas e da experiência adquirida em sala de aula, os autores deste livro oferecem aos leitores reflexões sobre aspectos da Modelagem e suas relações com a Educação Matemática. Esta obra mostra como essa disciplina pode funcionar como uma estratégia na qual o aluno ocupa lugar central na escolha de seu currículo.

Os autores também apresentam aqui a trajetória histórica da Modelagem e provocam discussões sobre suas relações, possibilidades e perspectivas em sala de aula, sobre diversos paradigmas educacionais e sobre a formação de professores. Para eles, a Modelagem deve ser datada, dinâmica, dialógica e diversa. A presente obra oferece um minucioso estudo sobre as bases teóricas e práticas da Modelagem e, sobretudo, a aproxima dos professores e alunos de Matemática.

O uso da calculadora nos anos iniciais do ensino fundamental
Autoras: *Ana Coelho Vieira Selva e Rute Elizabete de Souza Borba*
Neste livro, Ana Selva e Rute Borba abordam o uso da calculadora em sala de aula, desmistificando preconceitos e demonstrando a grande contribuição dessa ferramenta para o processo de aprendizagem da Matemática. As autoras apresentam pesquisas, analisam propostas de uso da calculadora em livros didáticos e descrevem experiências inovadoras em sala de aula em que a calculadora possibilitou avanços nos conhecimentos matemáticos dos estudantes dos anos iniciais do ensino fundamental. Trazem também diversas sugestões de uso da calculadora na sala de aula que podem contribuir para um novo olhar, por parte dos professores, para o uso dessa ferramenta no cotidiano da escola.

Pesquisa em ensino e sala de aula – Diferentes vozes em uma investigação
Autores: *Marcelo de Carvalho Borba, Helber Rangel Formiga Leite de Almeida, Telma Aparecida de Souza Gracias*
Pesquisa em ensino e sala de aula: diferentes vozes em uma investigação não se trata apenas de uma obra sobre metodologia de pesquisa: neste livro, os autores abordam diversos aspectos da pesquisa em ensino e suas relações com a sala de aula. Motivados por uma pergunta provocadora, eles apontam que as pesquisas em ensino são instigadas pela vivência dos professores em suas salas de aulas, e esse "cotidiano" dispara inquietações acerca de sua atuação, de sua formação, entre outras. Ainda, os autores lançam mão da metáfora das "vozes" para indicar que o pesquisador, seja iniciante ou mesmo experiente, não está sozinho em uma pesquisa, ele "escuta" a literatura e os referenciais teóricos e os entrelaça com a metodologia e os dados produzidos.

Pesquisa Qualitativa em Educação Matemática
Organizadores: *Marcelo de Carvalho Borba, Jussara de Loiola Araújo*
Os autores apresentam, neste livro, algumas das principais tendências no que tem sido denominado "Pesquisa Qualitativa em Educação

Matemática". Essa visão de pesquisa está baseada na ideia de que há sempre um aspecto subjetivo no conhecimento produzido. Não há, nessa visão, neutralidade no conhecimento que se constrói. Os quatro capítulos explicam quatro linhas de pesquisa em Educação Matemática, na vertente qualitativa, que são representativas do que de importante vem sendo feito no Brasil. São capítulos que revelam a originalidade de seus autores na criação de novas direções de pesquisa.

Psicologia na Educação Matemática

Autor: *Jorge Tarcísio da Rocha Falcão*

Neste livro, o autor apresenta ao leitor a Psicologia da Educação Matemática, embasando sua visão em duas partes. Na primeira, ele discute temas como psicologia do desenvolvimento e psicologia escolar e da aprendizagem, mostrando como um novo domínio emerge dentro dessas áreas mais tradicionais. Em segundo lugar, são apresentados resultados de pesquisa, fazendo a conexão com a prática daqueles que militam na sala de aula. O autor defende a especificidade deste novo domínio, na medida em que é relevante considerar o objeto da aprendizagem, e sugere que a leitura deste livro seja complementada por outros desta coleção, como *Didática da Matemática: sua influência francesa, Informática e Educação Matemática e Filosofia da Educação Matemática.*

Relações de gênero, Educação Matemática e discurso – Enunciados sobre mulheres, homens e matemática

Autoras: *Maria Celeste Reis Fernandes de Souza, Maria da Conceição F. R. Fonseca*

Neste livro, as autoras nos convidam a refletir sobre o modo como as relações de gênero permeiam as práticas educativas, em particular as que se constituem no âmbito da Educação Matemática. Destacando o caráter discursivo dessas relações, a obra entrelaça os conceitos de *gênero*, *discurso* e *numeramento* para discutir enunciados envolvendo mulheres, homens e Matemática. As autoras elegeram quatro enunciados que circulam recorrentemente em diversas práticas sociais: "Homem é melhor em Matemática (do que mulher)"; "Mulher cuida melhor... mas precisa ser cuidada"; "O que é escrito vale mais" e "Mulher também tem direitos". A análise que elas propõem aqui mostra como os discursos sobre relações de gênero e matemática repercutem e produzem desigualdades, impregnando um amplo espectro de experiências que abrange aspectos afetivos e laborais da vida doméstica, relações de trabalho e modos de produção, produtos e estratégias da mídia, instâncias e preceitos legais e o cotidiano escolar.

Tendências internacionais em formação de professores de Matemática
Organizador: *Marcelo de Carvalho Borba*

Neste livro, alguns dos mais importantes pesquisadores em Educação Matemática, que trabalham em países como África do Sul, Estados Unidos, Israel, Dinamarca e diversas Ilhas do Pacífico, nos trazem resultados dos trabalhos desenvolvidos. Esses resultados e os dilemas apresentados por esses autores de renome internacional são complementados pelos comentários que Marcelo C. Borba faz na apresentação, buscando relacionar as experiências deles com aquelas vividas por nós no Brasil. Borba aproveita também para propor alguns problemas em aberto, que não foram tratados por eles, além de destacar um exemplo de investigação sobre a formação de professores de Matemática que foi desenvolvida no Brasil.

Este livro foi composto com tipografia Minion Pro e impresso
em papel Off white 70 g na Artes Gráficas Formato.